Le collège de la cité

Coéditée par les Éditions Le Pommier et la Cité des sciences et de l'industrie, la collection « Le collège de la cité » reprend, chaque année, une douzaine des conférences données dans le cadre du *Collège de la Cité des sciences et de l'industrie.*
Dans le même esprit – construire les outils d'une culture scientifique partagée et nourrir le dialogue science/société –, les textes, simples et originaux, sont élaborés spécialement pour la collection, sous la forme de petits ouvrages accessibles.

mise en pages : Marina Smid
relecture : Élisabeth Bélorgey

N° ISBN 978-2-7465-0351-9
Éditions Le Pommier, 239 rue Saint-Jacques, 75005 Paris
www.editions-lepommier.fr
www.cite-sciences.fr/college

Sous la direction de
Sylvie Royant-Parola

Les mécanismes du sommeil : rythmes et pathologies

Éditions Le Pommier
cité

Introduction

Sylvie Royant-Parola
et Claude Gronfier

Nous passons le tiers de notre vie à dormir, avec plus ou moins de succès. Un temps aussi long doit correspondre à des fonctions singulièrement importantes ! Ces dernières commencent tout juste à être connues. Malgré son importance, notre sommeil est malmené. Considéré comme une perte de temps dans une société où le rendement et l'action sont valorisés, le sommeil est pourtant le moment de la reconstruction et de la renaissance quotidienne, qui permettent à chacun d'être au mieux de sa forme et en pleine possession de ses moyens. Le mal moderne des pays industrialisés est le manque de sommeil. Il faut savoir qu'on dort en moyenne 1 h 30 de moins qu'au début du XXe siècle. Cette dette de sommeil n'est pas sans conséquences sur la santé : elle a un coût physiologique !

Depuis l'aube de l'humanité, le sommeil est considéré comme un état mystérieux, qui s'apparente à la mort, le dormeur étant immobile, apparemment inactif. Dans la mythologie grecque, la déesse de la Nuit, Nyx, est la mère de nombreuses divinités, dont Morphée, le dieu des Songes, et deux frères jumeaux : Hypnos, le dieu du Sommeil, et Thanatos, le dieu de la Mort. Pour les Grecs, les notions de mort et de sommeil étaient donc très proches.

Au XIXe siècle, cette parenté est encore très présente. En 1834, dans son ouvrage intitulé *The Philosophy of Sleep*, Robert Macnish, membre de la faculté des médecins et chirurgiens de Glasgow, écrivait : « Le sommeil est un état intermédiaire entre la veille et la mort ; la veille étant considérée comme l'état actif de tous les animaux et des fonctions intellectuelles, et la mort comme celui de leur suspension totale. » On en savait donc encore très peu sur le sommeil, son origine et ses fonctions.

Pour les débuts de l'étude quantitative du fonctionnement biologique du cerveau, il faut attendre la découverte de Richard Caton, un physiologiste écossais qui, en 1875, met en évidence des rythmes électriques dans le cerveau animal. Et c'est seulement en 1928 que, grâce au psychiatre allemand Hans Berger, la démonstration est faite de manière indiscutable : le sommeil n'est pas un état passif. Les enregistrements de l'activité électrique cérébrale montrent très clairement des différences de rythmes électriques entre l'état éveillé et l'état de sommeil. Ce dernier est considéré comme un état actif. L'étude de l'activité électrique cérébrale au cours du sommeil ne fait alors que commencer.

Les années suivantes ont été riches d'enseignement. Dans un de ses célèbres ouvrages sur le sommeil, intitulé *Sleep*, le chercheur J. Allan Hobson écrit, en 1989 : « On a plus appris sur le sommeil dans les soixante dernières années qu'au cours des 6 000 précédentes. » En 1959, à Lyon, en observant des chats dont l'activité électrique cérébrale est proche de celle de la veille alors que, paradoxalement, l'animal est complètement endormi et relâché, Michel Jouvet découvre un stade particulier du sommeil qu'il appelle « sommeil paradoxal ». En même temps ou presque, les Américains Nathaniel Kleitman, Eugene Aserinsky et William Dement décrivent le *REM sleep*, un sommeil présentant des mouvements oculaires rapides (*Rapid Eye Movements*) et mettent en évidence son rythme au cours de la nuit. Cette découverte fait l'objet d'une controverse importante qui aboutit à un nouveau concept : l'activité du cerveau au cours de la journée ne se résume pas à un état binaire (veille, sommeil), mais passe en réalité par trois états de « vigilance » : la veille, le sommeil à ondes lentes et le sommeil paradoxal.

Côté clinique du sommeil, les connaissances avancent plus lentement. Connue depuis la nuit des temps, l'insomnie est essentiellement rattachée aux aléas de la vie et aux soucis. La somnolence, qui intrigue beaucoup nos médecins, reste un symptôme mal identifié, qu'ils situent entre fatigue, paresse et simulation, exception faite pour la narcolepsie ou syndrome de Gélineau, décrit en 1880, et le syndrome de Pickwick (du nom du personnage fort bien campé par Charles Dickens dans *Les Aventures de M. Pickwick*), qui associe obésité, ronflement et somnolence majeure. En 1976, Christian Guilleminault identifie les apnées du sommeil comme un syndrome particulier. Et, depuis les années 1970, la médecine du sommeil se construit petit à petit. Aujourd'hui, la Classification internationale des troubles du sommeil ne comporte pas moins de soixante-quatorze troubles spécifiques (insomnies, troubles respiratoires au cours du sommeil, hypersomnies, troubles des rythmes circadiens, parasomnies, pathologies en rapport avec des troubles moteurs, autres troubles et troubles du sommeil de l'enfant). Nouvelle discipline au sein de la médecine, le sommeil n'est reconnu comme spécialité qu'aux États-Unis et en Allemagne.

1

Le sommeil : une histoire de rythme

Claude Gronfier

« Il est un temps pour parler,
mais il en est un aussi pour dormir. »
Homère, *Odyssée.*

Qu'est-ce que le sommeil ?

À la question : « Qu'est-ce que le sommeil ? », les spécialistes ont toujours beaucoup de difficultés à donner une réponse simple. Et pour cause : la réponse est compliquée ! Car le sommeil est un état actif et non passif, comme on le croyait encore au début du XXe siècle ; mais aussi et surtout parce que l'on ignore encore LA fonction du sommeil. Mais même sans la connaître, on peut affirmer que le sommeil n'est pas un luxe. Il est même vital, car son absence chez l'animal conduit à la mort en quelques semaines ! Sans aller jusqu'à cette extrémité, on sait que la privation ou la dette de sommeil a des conséquences importantes chez l'homme (voir le chapitre 2). Il faut donc préserver le sommeil et son rythme.

Pour expliquer à quoi sert le sommeil, trois grandes théories ont prévalu jusqu'à aujourd'hui :

– la théorie restauratrice : le sommeil permet de récupérer ou de restaurer les déficits corporels ou cérébraux causés par les activités de la veille ;
– la théorie du maintien de la veille : chez les espèces qui possèdent de faibles réserves

énergétiques, il faut rester éveillé pour se nourrir et donc dormir peu pour survivre ; cette théorie est bousculée par la théorie suivante ;
– la théorie de la conservation de l'énergie : le sommeil s'accompagne d'une diminution des dépenses énergétiques (pendant que l'on dort, on dépense moins) ; l'augmentation de la durée du sommeil permet de réduire la consommation d'énergie au cours de la journée de 24 h.

Aucune de ces théories n'est satisfaisante à elle seule, car il existe des exceptions pour chacune d'entre elles. Elles sont néanmoins intéressantes à considérer, car elles possèdent vraisemblablement toutes une part de vérité.

Le sommeil chez l'animal

Avant de pouvoir comparer le sommeil des différentes espèces animales, il faut

tout d'abord définir ce que l'on appelle « sommeil » chez les animaux. Deux éléments importants permettent de le faire :
– le désengagement perceptif : lorsqu'il dort, l'animal est soustrait à son environnement, isolé intérieurement ; il perd toute sensibilité perceptive (il n'est plus sensible au bruit, à la lumière, aux odeurs, au toucher et au goût) ;
– la réversibilité : c'est ce qui distingue le sommeil du coma, de l'hibernation ainsi que de la mort ; au réveil, mis à part le phénomène d'inertie de sommeil – qui est lié à la sortie de l'état de sommeil et se caractérise par une période plus ou moins longue pendant laquelle on n'est pas tout à fait réveillé –, il n'existe plus aucune trace visible du passage du sommeil.

Ces éléments sont importants, mais ils ne permettent pas de définir le sommeil avec suffisamment de précision. Pour pouvoir parler de sommeil, on fait maintenant appel à deux catégories de critères précis, qui doivent être vérifiés simultanément.

Les critères comportementaux

Le sommeil est associé à trois critères comportementaux : une posture particulière, qui dépend de l'espèce animale ; une diminution de la sensibilité à l'environnement (déjà mentionnée) ; un rebond de sommeil après privation : si un animal est privé de sommeil (pendant quelques heures ou quelques jours), on observe une augmentation de la quantité et de la qualité (l'intensité) du sommeil lors de l'épisode suivant.

La plupart des espèces animales partagent ces critères comportementaux. Les animaux sont immobiles pendant leur sommeil (à quelques exceptions près, comme les cétacés, qui peuvent continuer à nager) et présentent une posture caractéristique de l'espèce, généralement horizontale (« allongée ») chez les mammifères terrestres, avec les yeux fermés ou semi-fermés. Il existe néanmoins des différences surprenantes entre mammifères, puisque le cheval, l'éléphant et la girafe peuvent dormir debout (sauf pendant le sommeil paradoxal, durant lequel ils sont allongés), et la vache peut ruminer en dormant. Les oiseaux ont une posture « plutôt » verticale (on peut avoir à l'esprit le cas du flamant et d'autres échassiers qui dorment sur une patte – on n'en connaît pas la raison) ; ils dorment aussi les yeux fermés, tout comme les reptiles, tels le dragon de Komodo et le crocodile qui, lors du sommeil profond, présentent une posture allongée sur le sol, les pattes en arrière. Les amphibiens et les poissons présentent aussi une posture et un environnement spécifiques. Le poisson perroquet dort sur les fonds marins après s'être enveloppé dans une gangue de mucus protectrice.

Chez les invertébrés, l'existence du sommeil a été plus controversée. La dernière discussion en date – et toujours d'actualité – concerne le sommeil chez la mouche. Les dernières études montrent de manière convaincante que, si l'on applique les critères comportementaux, on peut dire que la mouche dort. Chiara Chirelli, une chercheuse italienne travaillant aux États-Unis, a décrit le sommeil de la drosophile (la mouche du vinaigre, très étudiée en biologie). À partir d'élégantes études, elle a montré que cette mouche présente un rebond de sommeil après une privation (elle dort plus longtemps) et qu'elle peut être maintenue éveillée pendant une longue durée si on lui administre de la caféine ou des amphétamines. Plus surprenant encore, tout comme l'homme, la mouche présente des troubles de la mémoire lorsqu'elle ne dort pas suffisamment !

Les critères électrophysiologiques

Pour s'assurer de la présence de sommeil, on utilise l'activité électrique cérébrale comme marqueur, à l'aide de ce que l'on appelle « électroencéphalographie de sommeil » ou, dans les cliniques de sommeil, « polysomnographie ». En effet, pendant le sommeil, on observe une activité électrique cérébrale différente de celle de la veille, correspondant au sommeil à ondes lentes et au sommeil paradoxal.

Ces critères électrophysiologiques sont observés chez les espèces animales décrites précédemment, à l'exception des amphibiens, des poissons et des invertébrés, chez lesquels on n'a pas encore mis en évidence de sommeil paradoxal (soit parce qu'il n'y en a pas, soit parce que son expression électroencéphalographique est différente).

La durée du sommeil varie selon les espèces

Comme le montre la figure 1, les durées du sommeil sont très variables d'une espèce à l'autre. Ce constat nous permet de revenir rapidement sur les trois théories que nous avons présentées ci-dessus.

La théorie restauratrice prédit que les animaux qui dépensent le plus d'énergie pendant la veille sont ceux qui dorment le plus. Or ce n'est pas le cas : ainsi, par exemple, l'opossum, qui se dépense très peu physiquement (il peut ne pas se déplacer de la journée), dort 18 h par jour ! À l'opposé, l'homme, qui dépense environ respectivement 1 500 et 2 500 kcal par jour pour les femmes et les hommes sédentaires, ne dort en moyenne que 8 h par jour. La théorie restauratrice n'est donc pas satisfaisante.

La théorie de la conservation de l'énergie s'applique assez bien aux animaux de

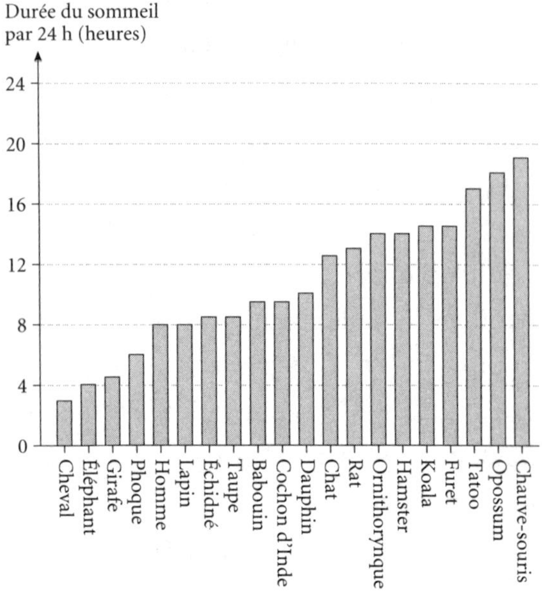

Figure 1 : Durée du sommeil par 24 h chez l'animal.

grande taille (éléphant, girafe, phoque), qui possèdent des réserves en énergie leur permettant de rester éveillés plus longtemps. Mais, là encore, la théorie ne permet pas d'expliquer pourquoi, avec des masses corporelles relativement proches, la taupe peut se contenter de 8 h 30 de sommeil quotidien, alors que la chauve-souris dort environ 19 h par jour.

Le rythme du sommeil varie selon les espèces

Le moment où le sommeil se manifeste dans la journée et sa structure varient considérablement d'une espèce à l'autre. L'homme et les grands singes possèdent un sommeil monophasique, c'est-à-dire principalement organisé en un seul épisode (avec néanmoins une propension à la sieste qui s'exprime dans certaines cultures ou certaines circonstances). De plus, ils sont diurnes : ils sont actifs durant la journée et dorment la nuit, ce qui est aussi le cas de certains oiseaux (comme l'aigle), de la plupart des insectes et de certains poissons. Les autres animaux possèdent un sommeil polyphasique, c'est-à-dire présentant plusieurs épisodes plus ou moins longs au cours des 24 h (tout comme le nouveau-né humain, comme nous le verrons plus loin). La plupart des rongeurs, certains oiseaux (comme la chouette) et certains poissons sont nocturnes. Les espèces crépusculaires sont celles qui présentent une augmentation de leur activité motrice au lever et au coucher du soleil. C'est le cas du lapin et de certaines chauves-souris. Le chat est considéré par certains comme un animal crépusculaire et par d'autres comme un animal arythmique, c'est-à-dire ne présentant pas de rythme d'activité motrice très marqué. Le cochon d'Inde est un animal intéressant : il a été décrit comme un animal ayant une activité motrice complètement arythmique ; toutefois, puisque, comme tous les autres animaux, il possède une horloge biologique interne (nous y reviendrons), il n'est pas concevable qu'il n'exprime pas de rythmes circadiens (du latin *circa*, « proche de », et *dies*, « jour » : proches de 24 h), par exemple en ce qui concerne sa température ou ses sécrétions hormonales.

Le sommeil chez l'homme

La durée et le rythme du sommeil varient entre les individus

Les besoins de sommeil sont différents entre individus d'une même espèce. Au sein de la population française, un sondage réalisé en 2006 par TNS-Healthcare/Institut de la vigilance et du sommeil montre que 59 % de la population dort entre 7 et 8 h par nuit, que 23 % est composée de court-dormeurs qui dorment 6 h ou moins et 15 % de long-dormeurs qui dorment plus de 9 h. La biologie et, plus précisément, les mécanismes circadiens et homéostatiques du sommeil sont à l'origine de la durée de ce dernier.

La croyance que les long-dormeurs sont des fainéants et que les court-dormeurs sont des courageux doit être bannie à tout jamais ! Non seulement elle repose sur des croyances d'un autre âge, mais elle est aussi potentiellement dangereuse : restreindre volontairement sa durée de sommeil de manière chronique a des conséquences néfastes sur l'organisme, peut être à l'origine d'accidents causés par des attaques de sommeil (au volant ou au travail) et contribue à développer des pathologies. L'étude américaine récente de la National Sleep Foundation, « Poll Sleep in America

2007 », réalisée chez 1 003 femmes âgées de dix-huit à soixante-quatre ans, rapporte que les femmes dorment en moyenne 7 h 26 en semaine et 8 h 24 le week-end. Ces chiffres, anodins en apparence, révèlent que la dette de sommeil est sans doute proche de 1 h par jour, soit d'environ 5 h par semaine. Dormir plus le week-end est capital pour « dissiper » une partie de la dette de sommeil accumulée durant la semaine, mais n'est peut-être pas suffisant pour restaurer tous les « compartiments » de l'organisme. Ce qui a été perdu est peut-être perdu à tout jamais. Cet équilibre entre l'accumulation d'une dette de sommeil au cours de la semaine d'un côté et la récupération (partielle) au cours du week-end de l'autre crée un nouveau rythme de sommeil, cette fois-ci selon une périodicité hebdomadaire. À l'heure actuelle, nous ne connaissons pas l'étendue des conséquences d'un manque de sommeil chronique.

La durée et le rythme du sommeil varient avec l'âge

Le nouveau-né dort beaucoup (entre 14 h et 20 h, selon les bébés). Chez lui, le sommeil n'est pas organisé en un seul épisode, comme chez l'adulte, mais réparti sur les 24 h de la journée, en plusieurs petits épisodes – il est polyphasique. Sa périodicité est de 3 à 4 heures (et non de 24 h) ; on dit qu'il est « ultradien ». L'installation d'une rythmicité du sommeil de 24 h apparaît entre un et trois mois et le sommeil nocturne est normalement acquis avant six mois. L'horloge biologique – sur laquelle nous reviendrons plus loin dans ce chapitre – et les structures du sommeil se développent et leur maturation progressive permet la synchronisation du sommeil sur l'alternance jour/nuit. Graduellement, le rythme ultradien du sommeil du nouveau-né fait place à un rythme circadien : les siestes sont de moins en moins nombreuses pendant la journée et disparaissent généralement entre quatre et six ans. Le besoin de sommeil va lui aussi diminuer progressivement, mais lentement, au cours des premières années de la vie. La durée de sommeil est en moyenne de 15 h à six mois, de 13 à 14 h vers deux ans et ce n'est qu'entre quatre et douze ans qu'elle devient inférieure à 12 h. Enfin, au cours de l'adolescence, la durée de sommeil « mature » se met en place pour rester relativement stable chez le jeune adulte.

À l'autre bout de la vie, on constate que la rythmicité du sommeil se modifie avec le vieillissement. La quantité totale de sommeil nocturne diminue et l'on peut voir se développer un sommeil polyphasique, avec l'apparition d'une ou plusieurs siestes dans la journée. Le sommeil du sujet âgé se caractérise par une diminution de sa quantité et de sa qualité (en particulier une diminution de l'intensité du sommeil à ondes lentes), une augmentation du nombre et de la durée des éveils au cours de la nuit, et une diminution de l'efficacité du sommeil. Tout comme on observe une diminution du besoin calorique au cours du vieillissement, il est légitime de se demander si le besoin en sommeil ne diminue pas avec l'âge. Il semble toutefois que ce ne soit pas le cas pour un grand nombre d'individus puisque entre 40 et 70 % des personnes âgées se plaignent de troubles du sommeil. D'autre part, une enquête de la *Revue médicale de l'assurance maladie* publiée en 2003 révèle que les plus de soixante ans consomment à eux seuls plus de 40 % des hypnotiques prescrits en France, alors qu'ils ne constituent que 20 % de la population totale. Il semble donc que, pour ces personnes, l'altération de la quantité et de la structure du sommeil qui accompagne le vieillissement constitue un vrai problème.

Les horaires du sommeil changent avec l'âge

L'évolution des horaires du sommeil au cours de la vie constitue un fait intéressant, qui préoccupe de plus en plus les parents d'adolescents. À partir d'un questionnaire rendu disponible sur Internet, Till Roenneberg, accompagné d'une équipe de chronobiologistes européens (projet européen Euclock), a analysé le chronotype de plus de 50 000 individus. Il apparaît très clairement sur la figure 2 que la position de la période du sommeil est progressivement retardée depuis l'enfance jusqu'à environ vingt ans (ce qui pourrait caractériser la fin de l'adolescence chronobiologique), puis qu'elle avance ensuite progressivement au cours du vieillissement. La composante biologique de ce phénomène est renforcée par la différence entre les sexes. Le milieu du sommeil se situe en moyenne vers 4 h 30

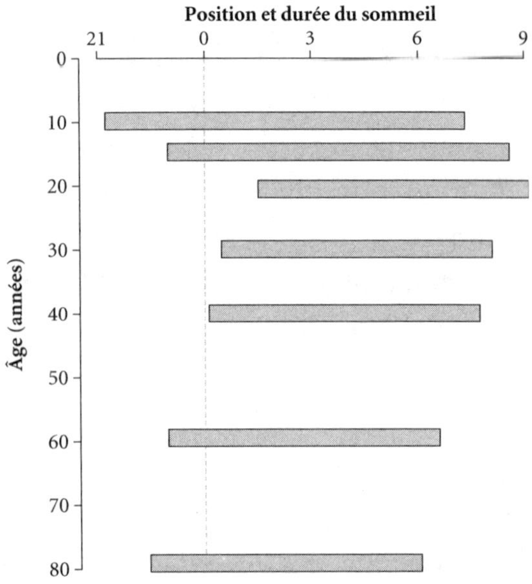

Figure 2 : Évolution de la position du sommeil en fonction de l'âge.

du matin chez les filles et vers 5 h 30 chez les garçons.

L'horloge biologique : pourquoi des rythmes ?

Nous avons vu combien sommeil et rythme sont liés. Et nous savons combien les rythmes biologiques sont indispensables à la vie, même si les mécanismes qui les sous-tendent ne nous sont pas tous connus.

Les organismes vivants ont évolué en réponse aux différents cycles auxquels ils ont été soumis par l'environnement. Certains organismes ont développé des mécanismes leur permettant de s'adapter, entre autres, aux variations cycliques de la lumière, de la température, de l'humidité… Il n'est donc pas étonnant que les rythmes biologiques s'observent chez tous les organismes vivants.

Trois grandes catégories de rythmes biologiques ont été définies, selon leur période. Nous avons déjà mentionné le rythme circadien, dont la période est d'environ 24 h ; on dit d'un rythme qu'il est « ultradien » lorsque sa période est de moins de 24 h (par exemple, les battements cardiaques) et « infradien » lorsque sa période est de plus de 24 h (par exemple, le cycle menstruel chez la femme).

Les rythmes les plus étudiés et les mieux définis sont ceux de 24 h. Ils sont observés chez toutes les espèces animales, depuis les bactéries jusqu'à l'homme. Ils découlent naturellement de l'alternance lumière-obscurité, conséquence de la rotation de la Terre autour de son axe. Le sommeil est sous la dépendance de cette régulation.

Le fait qu'une horloge biologique ait été trouvée chez pratiquement tous les organismes étudiés indique l'importance de cette fonction dans le monde vivant. Si l'on replace dans la nature des animaux chez qui l'on a lésé l'horloge biologique, on observe qu'ils ne sont plus synchronisés avec le cycle lumière-obscurité de l'environnement. Ne sortant plus au bon moment de la journée, ils deviennent des proies faciles et se font tuer plus rapidement que les autres par les prédateurs. L'horloge biologique permet donc une synchronisation avec l'environnement. En jouant le rôle d'alarme (de réveil), elle alerte l'animal et lui permet d'anticiper, par exemple de sortir pour se nourrir avant le lever du jour – avant que les prédateurs soient éveillés. Pour certaines chauve-souris, l'horloge circadienne déclenche le réveil quelques heures avant le coucher du soleil ; elles peuvent ainsi se réveiller, se réchauffer et devenir actives au crépuscule pour partir à la chasse aux insectes. L'horloge biologique permet donc en quelque sorte de ressentir le temps qui passe et de déclencher des comportements adaptés à des heures précises.

Cette capacité d'anticiper est évidemment tout aussi importante chez les organismes supérieurs, y compris chez l'homme. De nombreux mécanismes préparateurs du sommeil prennent place bien avant l'heure du coucher, sans que l'on en soit conscient (augmentation de la sécrétion de mélatonine, diminution de la température corporelle, diminution de la fréquence cardiaque, diminution de la sécrétion de l'hormone cortisol).

Tous ces changements, nécessaires à l'endormissement, sont directement contrôlés par l'horloge biologique, qui permet donc, tous les jours sensiblement à la même heure, de s'abandonner dans les bras de Morphée. De la même manière, les mécanismes préparateurs du réveil prennent place pendant la nuit, là encore grâce à des signaux émis par l'horloge biologique.

L'horloge biologique est un chef d'orchestre

Même si les rythmes biologiques sont décrits depuis l'Antiquité, leur origine a pendant longtemps été attribuée uniquement à l'environnement. Il faut attendre une expérience conduite au XVIIIe siècle pour que l'hypothèse d'une horloge biologique interne émerge. À cette époque, Jean-Jacques Dortous de Mairan, physicien et mathématicien français, est intrigué par l'ouverture et la fermeture quotidienne des feuilles d'une espèce de mimosa, la sensitive (*Mimosa pudica*). Afin de tester si ce comportement est une simple réponse au soleil, il décide de placer la plante dans une obscurité constante. Il observe alors que le mouvement des feuilles persiste et conserve son rythme de 24 h en l'absence du cycle lumière-obscurité. Cette expérience est présentée à l'Académie des sciences en 1729.

Elle montre pour la première fois qu'un rythme peut être engendré par l'organisme lui-même.

Il faudra attendre le milieu du XXe siècle pour que l'existence d'une horloge biologique endogène (c'est-à-dire interne) soit mise en évidence chez l'animal. En 1972, elle est précisément localisée, au cœur du cerveau, chez les mammifères. Depuis, les progrès scientifiques ont été considérables. Il est maintenant évident que les horloges biologiques font partie intégrante de la vie de tous les organismes (bactéries, plantes, animaux). Leur présence et leur bon fonctionnement sont indispensables à la vie.

Anatomie de l'horloge biologique

L'horloge biologique interne se situe, nous venons de le voir, au cœur du cerveau, au sein d'une petite structure d'environ 1 mm^3 (de la taille d'une tête d'épingle) appelée « noyau suprachiasmatique ». Les cellules de cette structure ont une activité électrique rythmique d'origine génétique : elle dépend de quelques « gènes horloge » dont l'activité cyclique est directement responsable du rythme proche de 24 h de l'horloge biologique. La meilleure preuve que ces mécanismes sont endogènes et ne nécessitent pas la présence d'un cycle externe pour persister provient d'études récentes menées chez l'animal. Des neurones de l'horloge ont été prélevés chez une souris et placés dans une boîte de culture. Pendant trois ans, les cellules ont continué à présenter une activité rythmique proche de 24 h, de manière précise et prévisible, en complète obscurité.

La notion de rythme endogène « proche de 24 h » est capitale. En effet, l'horloge biologique n'est pas synchronisée avec la journée de 24 h de manière endogène, mais, tout comme une montre qui prendrait un peu d'avance ou un peu de retard chaque jour, elle a besoin d'être remise à l'heure quotidiennement. Comme nous le verrons en détail, c'est l'action de la lumière au niveau de l'œil qui permet la synchronisation de l'horloge avec la journée. Notre horloge biologique possède donc une activité endogène tout en n'étant, fort heureusement, pas indépendante de l'environnement, dont elle a besoin pour être maintenue en parfaite synchronisation avec la journée de 24 h.

L'horloge biologique est connectée, directement ou indirectement, à une multitude de structures dans l'ensemble de l'organisme ; elle contrôle ainsi l'expression rythmique de nombreuses activités physiologiques (dont certaines sont mentionnées sur la figure 3). Le bon fonctionnement de l'horloge biologique, en particulier sa bonne synchronisation avec les 24 h de la journée, est indispensable

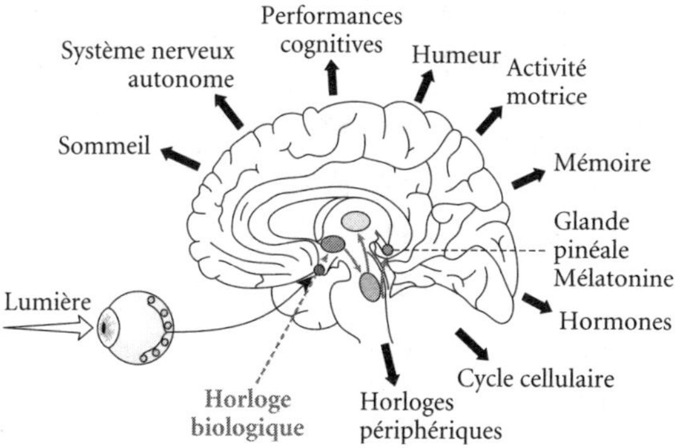

Figure 3 : Représentation schématique des fonctions physiologiques contrôlées par l'horloge biologique (localisée dans le noyau suprachiasmatique de l'hypothalamus). La lumière permet de synchroniser l'horloge biologique aux 24 h via son action sur les photorécepteurs de la rétine de l'œil (adapté de E. Mignot, S. Taheri, S. Nishino, "Sleeping with the hypothalamus : emerging therapeutic targets for sleep disorders", *Nature Neuroscience*, novembre 2002).

à l'expression appropriée des fonctions qui gouvernent notre comportement. Par exemple, le sommeil doit survenir la nuit et non le jour et, à l'opposé, nos performances physiques et mentales doivent être optimales la journée et non la nuit.

Une activité endogène

Quand un organisme est placé dans des conditions constantes, c'est-à-dire quand il n'est plus soumis aux influences de l'environnement telles que les variations de température, de lumière, etc., son horloge biologique continue à fonctionner, mais son rythme (sa période) n'est plus exactement de 24 h : il n'est plus synchronisé par l'environnement. Tout comme nous l'avons évoqué plus haut, l'horloge va prendre un peu de retard ou un peu d'avance, selon les individus. On dit alors que l'horloge est en « libre cours ». Si la période d'un individu est de moins de 24 h, l'horloge est rapide et prend de l'avance ; si, à l'inverse, sa période est de plus de 24 h, l'horloge est lente et prend du retard. C'est ce qui se passe pour les aveugles, chez qui l'absence de lumière ne permet pas à l'horloge biologique de se synchroniser aux 24 h ; ce qui explique qu'environ 75 % des aveugles se plaignent de ne pas avoir un sommeil de bonne qualité.

Il est important de noter que la période de l'horloge est une caractéristique individuelle très précise. Chez l'homme, elle ne semble pas varier au cours du vieillissement. D'après des études récentes en laboratoire, la période endogène de l'horloge biologique humaine est très proche de 24 h – en moyenne de 24 h 10 min et non pas de 25 h comme on le pensait il y a trente ans. Il semble que la majorité des individus possède une période endogène circadienne comprise entre 23 h 30 min et 24 h 30 min ; que 75 % de la population ait une période supérieure à 24 h et qu'environ 25 % possède une période circadienne de moins de 24 h. Quel impact peut avoir la période de notre horloge – c'est-à-dire sa vitesse – dans la vie de tous les jours ? Bien que la relation ne soit pas nécessairement systématique, ceux qui possèdent une période courte (une horloge rapide) ont tendance à être des couche-tôt alors que les couche-tard ont plutôt une période longue (une horloge lente).

Le rôle essentiel de la lumière

Chez les mammifères, la lumière est le plus puissant synchroniseur de l'horloge interne. En présence d'un cycle lumière-obscurité de 24 h, les animaux nocturnes vont naturellement se synchroniser de manière à être actifs durant la nuit, alors que, à l'inverse, la synchronisation de l'horloge biologique des animaux diurnes (homme inclus) les conduit à être actifs le jour et à dormir la nuit.

D'autres synchroniseurs existent chez les animaux, qui sont moins évidents chez l'homme. On les appelle « synchroniseurs non photiques », car ils n'impliquent pas la lumière. C'est le cas, par exemple, de la prise alimentaire et de l'exercice physique. Ils ont, certes, un effet sur l'horloge humaine, mais nettement moins important que celui de la lumière. Les études initiales réalisées chez l'homme dans les années 1950 avaient laissé penser que les synchroniseurs sociaux étaient plus forts que la lumière ; on sait maintenant que cela est faux. En outre, il n'a jamais été démontré de manière indiscutable que ces facteurs sociaux possèdent le moindre effet de synchronisation sur l'horloge biologique humaine. La meilleure preuve que les synchroniseurs non photiques ont, s'ils existent, des effets très limités, est fournie par l'observation des aveugles dont la grande majorité est en état de libre cours, c'est-à-dire non synchronisé aux 24 h, alors que leur vie sociale et leurs activités sont calées sur les 24 h (travail, coucher, lever, prises des repas, activités sportives...). Le synchroniseur non photique le plus étudié et le mieux connu est la mélatonine, dont l'effet est indiscutable et qui constitue d'ailleurs un synchroniseur de choix chez l'aveugle.

Comment mesure-t-on l'heure biologique ?

Chez l'homme, l'activité de l'horloge biologique ne peut pas être mesurée directement, puisque cette structure se situe au cœur du cerveau. Ainsi, tout comme on fait confiance aux aiguilles d'une montre pour connaître l'heure, on utilise divers indicateurs pour connaître l'heure de l'horloge biologique interne, le plus utilisé étant une hormone que nous avons déjà mentionnée, la mélatonine.

Les niveaux de mélatonine sont élevés pendant la nuit et quasiment nuls pendant la journée. La sécrétion de l'hormone débute en moyenne entre une et deux heures avant l'heure du coucher habituel et ses niveaux redescendent très bas à partir de une à deux heures après l'heure du réveil. C'est pourquoi, si l'on mesure la mélatonine chez un individu normal pendant 24 h (dans des conditions de mesure appropriées, en particulier avec une lumière faible, car la sécrétion de cette hormone est inhibée par la lumière), les niveaux élevés nous indiqueront à quel moment se situe sa nuit biologique. On dira qu'il est synchronisé aux 24 h si sa nuit biologique est en phase avec la nuit solaire, c'est-à-dire, en l'occurrence, si sa mélatonine est secrétée pendant la nuit et non le jour.

Comment l'horloge biologique est-elle remise à l'heure ?

Dans la vie courante, notre horloge est synchronisée avec les 24 h de la journée. Si l'on mesure la mélatonine chez un individu normal qui se coucherait par exemple à minuit pour se lever à 8 h, on pourrait observer que la sécrétion de l'hormone débute vers 22 h et se termine vers 10 h. Si l'on expose cet individu à une lumière de forte intensité (10 000 lux, un niveau comparable à celui qui est normalement perçu au lever ou au coucher du soleil) pendant 6 h au début de la nuit, on observera les jours suivants que l'heure de début de la sécrétion de l'hormone est retardée jusqu'à par exemple 1 h du matin. Dans ce cas, on dira que l'horloge a été retardée de 3 h par rapport à l'heure d'origine. Ce que nous appelons donc « remise à l'heure » de l'horloge biologique correspond, tout comme pour une montre, à une avance ou à un retard de l'horloge par rapport au jour précédent.

Les effets de la lumière dépendent de plusieurs facteurs

L'effet de la lumière sur l'horloge biologique dépend de l'intensité lumineuse, de sa durée, de sa composition spectrale (couleur) et de l'heure de la journée (*timing*). Plus la lumière est intense et la durée du signal lumineux longue, plus l'effet sera important. Reprenons le même exemple (durée d'exposition d'environ 6 h, lumière blanche de 10 000 lux). Pour une exposition lumineuse de cette durée en début de nuit, les études montrent que les intensités lumineuses dépassant les 1 000 lux ne produisent pas d'effet supplémentaire notable (on parle de saturation de la réponse). La luminosité moyenne d'une pièce à vivre (100-300 lux) peut, dans les même conditions, produire un retard de l'horloge d'environ 1 h 30 pour une même durée d'exposition. De ce fait, il faut garder à l'esprit que la course à l'intensité lumineuse ne sert à rien car, au-delà d'un certain niveau lumineux, la réponse de l'horloge biologique n'augmente plus.

L'effet de la lumière utilisée dépend aussi de sa composition spectrale (c'est-à-dire de sa longueur d'onde). Une lumière monochromatique d'une longueur d'onde de 480 nm (bleue) a une propriété bien particulière : elle est aussi efficace sur la synchronisation de l'horloge biologique qu'une lumière fluorescente blanche cent fois plus intense (comportant cent fois plus de photons). Cette propriété repose sur la sensibilité d'un type particulier de cellules photoréceptrices de la rétine, les cellules ganglionnaires à mélanopsine. Contrairement aux photorécepteurs classiques (cônes et bâtonnets), ces cellules, découvertes seulement en 2000, ne conduisent pas à la formation d'images : elles sont impliquées dans des fonctions non visuelles comme la synchronisation de l'horloge biologique, le réflexe pupillaire et le cycle veille-sommeil. Ces récepteurs font l'objet de nombreuses recherches afin de développer des méthodes de traitement plus efficaces et plus rapides que les méthodes actuelles utilisant des lumières blanches, dans le cadre de certaines pathologies. Les autres photorécepteurs (cônes et bâtonnets) sont impliqués principalement dans des fonctions visuelles, mais sans doute aussi dans des fonctions non visuelles. Il ne faut donc pas exclure l'influence des lumières d'autres couleurs sur la synchronisation de l'horloge biologique.

L'effet de la lumière dépend aussi de l'heure. La lumière à laquelle nous sommes exposés du soir jusqu'au milieu de la nuit (en moyenne de 18 h à 6 h du matin) a pour effet de retarder notre horloge, alors que la lumière reçue en fin de nuit et pendant la première moitié de la journée (en moyenne de 6 h du matin à 18 h), à l'inverse, avance notre horloge. C'est en fin d'après-midi (à 18 h en moyenne) que l'horloge est la moins sensible à la lumière et c'est aux environs des heures habituelles du coucher et du lever qu'elle l'est le plus. C'est donc l'effet de la lumière tout au long de la journée qui nous permet, par le biais d'une remise à l'heure, de rester synchronisés aux 24 h de la journée, bien que la période interne de l'horloge soit sensiblement plus courte ou plus longue. La synchronisation ne peut s'effectuer correctement que si les niveaux lumineux reçus sont suffisants en durée et en intensité, et que la lumière est perçue au bon moment – c'est-à-dire pendant le jour pour les animaux diurnes.

L'impact de l'horloge biologique au quotidien

L'importance de la synchronisation

L'impact des rythmes biologiques dans notre vie quotidienne est considérable. Le premier rythme biologique qui vient à l'esprit est évidemment celui du cycle veille-sommeil. L'horloge biologique permet l'expression du sommeil au bon moment, ni trop tôt ni trop tard, surtout pas pendant la journée. C'est grâce à l'horloge biologique que les heures du coucher et du lever sont relativement constantes pour un individu donné. Le sommeil n'est que l'un des rythmes contrôlés par l'horloge biologique ; il en existe beaucoup d'autres. Par exemple, chez l'homme, la vigilance, les performances cognitives, la mémoire, l'efficacité musculaire, la température corporelle, les activités gastro-intestinales, la pression artérielle sont maximales pendant le jour, c'est-à-dire pendant la période active. À l'opposé, la sécrétion de la mélatonine, la relaxation musculaire, la pression de sommeil sont maximales pendant la nuit, lors de la période inactive. C'est l'horloge biologique qui assure la bonne synchronie entre tous les rythmes de l'organisme, à tous les niveaux fonctionnels. Si elle n'est pas synchronisée de manière correcte, les rythmes qu'elle contrôle ne seront pas exprimés de façon adaptée, ce qui pourra avoir des conséquences plus ou moins sérieuses : la symphonie deviendra cacophonie et des troubles apparaîtront !

L'importance des rythmes biologiques et de la bonne synchronisation de l'horloge interne devient évidente lorsqu'on est amené à vivre avec des horaires décalés, par exemple en cas de décalage horaire (après avoir franchi rapidement plusieurs fuseaux horaires) ou de travail de nuit. Dans ces situations, l'horloge biologique n'est pas synchronisée avec l'environnement, c'est-à-dire qu'elle n'est plus en phase avec les rythmes veille-sommeil ou activité-repos que l'on impose à l'organisme : on est actif pendant la nuit biologique et on dort pendant le jour biologique. Les conséquences sont bien connues : on est moins performant et moins vigilant de nuit, et on dort moins bien de jour, d'un sommeil plus léger, plus fragmenté (on se réveille plus souvent) et moins efficace (on se réveille moins reposé).

Les conséquences d'une mauvaise synchronisation de l'horloge biologique peuvent être dramatiques. Le nombre d'accidents de la route culmine entre 2 h et 5 h du matin, de même que les erreurs médicales dans les services d'urgence, non seulement à cause des gardes de longue durée (plus de 24 h d'affilée) qui créent une dette de sommeil, mais aussi des horaires de travail au moment où l'organisme est censé dormir. Les catastrophes de Tchernobyl, de l'Exxon Valdes ou du Titanic, toutes survenues durant la nuit, sont liées à des erreurs de jugement chez des individus dont l'horloge biologique n'était pas correctement adaptée au travail de nuit.

Évolution de la rythmicité circadienne au cours de la vie

Comme nous l'avons vu dans la première partie de ce chapitre, les heures de coucher et de lever varient d'une espèce à l'autre et d'un individu à l'autre, mais aussi, pour un même individu, au cours de la vie. Les origines de ces changements proviennent des effets de l'horloge biologique sur le sommeil.

In utero, le fœtus reçoit de sa mère des informations temporelles qui lui permettent d'avoir des activités circadiennes. À la naissance, ces rythmes de 24 h sont largement perdus.

Chez le nouveau-né, la plupart des activités biologiques sont ultradiennes : le cycle veille-sommeil, par exemple, est de 3 à 4 h. Il faudra attendre la maturation de l'horloge biologique au cours des premiers mois de la vie pour que se développent la rythmicité circadienne et un cycle veille-sommeil synchronisé avec les 24 h de la journée.

Après la mise en place d'une rythmicité de sommeil normale, les enfants sont plutôt matinaux : ils se couchent et se lèvent tôt. Au cours de leur développement, leur rythme se décale et ils deviennent de plus en plus « tardifs ». Au cours de l'adolescence, entre dix et vingt ans, la période de sommeil se décale progressivement, en moyenne de 1 h 30 chez les filles et de 2 h 30 chez les garçons. Ce n'est qu'à partir de l'âge de vingt ans environ que cette dérive des heures du coucher s'inverse pour avancer progressivement au cours du vieillissement.

Les parents confrontés au coucher tardif des adolescents doivent comprendre que ce phénomène est principalement d'origine biologique – il implique l'horloge circadienne – et pas uniquement lié à des raisons psychologiques. Il suffit d'être patient puisque cette tendance va non seulement se stabiliser, mais aussi s'inverser !

Le chronotype dépend de facteurs génétiques (les gènes de l'horloge sont responsables de la période endogène), de facteurs environnementaux comme les synchroniseurs sociaux, et de l'âge. Il dépend aussi sans doute, dans une certaine mesure, de facteurs psychologiques, dont les rôles ne sont pas bien connus.

Au cours du vieillissement, outre les altérations de la structure du sommeil déjà décrites, on observe une modification des rythmes biologiques. Le sujet âgé se couche et se lève plus tôt que le sujet jeune. D'autre part, l'amplitude de certains rythmes biologiques est diminuée. C'est le cas de certaines hormones (cortisol, hormone de croissance, TSH, prolactine) et de l'intensité du sommeil (la durée du sommeil lent profond diminue avec l'âge). Certaines études ont montré que les rythmes de la température corporelle et de la mélatonine étaient moins amples chez le sujet âgé que chez le sujet jeune. Dans tous les cas, les perturbations de ces rythmes sont en partie responsables de la dégradation de la qualité de la vie au cours du vieillissement. Malgré l'intérêt croissant pour la chronobiologie, les mécanismes responsables des changements qui se produisent avec l'âge ne sont pas encore élucidés. Nous savons que les troubles chronobiologiques peuvent aboutir à une palette de problèmes tels qu'une perturbation du sommeil, une diminution de la vigilance, des déficits cognitifs et psychomoteurs, et des altérations endocriniennes et métaboliques. Ces troubles associés au vieillissement peuvent avoir des conséquences socio-économiques importantes. Ils peuvent conduire à une réduction de l'état de santé global et à une augmentation des risques pathologiques associés.

La photothérapie

L'utilisation de la lumière pour ses propriétés cliniques n'est pas récente. Les Grecs et les Romains l'utilisaient déjà pour le traitement de certains troubles de l'humeur. Plus récemment, elle était employée pour traiter le rachitisme et prévenir certaines maladies comme la tuberculose. On en connaît aujourd'hui les mécanismes. Parmi les applications actuelles figurent le traitement de la jaunisse du nouveau-né et le traitement de certaines pathologies dermatologiques (acné, psoriasis) ; ce sont alors des lumières non visibles (ultraviolet [UV]) qui sont utilisées pour leurs effets sur des molécules du sang ou sur des molécules de la peau.

Dans le cas de la photothérapie (aussi appelée luminothérapie) appliquée dans le traitement de certains troubles du rythme veille-sommeil ou de la dépression saisonnière, on utilise la lumière visible (entre 400 et 700 nm) pour ses propriétés sur des molécules de la rétine (les photorécepteurs) et ses effets sur l'horloge biologique. La photothérapie est très connue du grand public (on en parle beaucoup à l'approche de l'hiver), mais, dans leur grande majorité, les cliniciens ne la pratiquent pas encore, car les principes physiologiques sur lesquels elle repose et ses protocoles thérapeutiques ne sont pas enseignés durant le cursus médical – aussi la photothérapie n'est-elle bien maîtrisée que par un petit nombre de médecins.

Si elle est utilisée de manière très précise, la lumière permettant de synchroniser l'horloge biologique est efficace pour traiter des troubles chronobiologiques. Dans le cas de pathologies du cycle veille-sommeil, de la dépression saisonnière et du décalage horaire, des stratégies de traitement lumineux existent et sont efficaces. Depuis plusieurs années, la NASA utilise la lumière comme agent de synchronisation de l'horloge biologique des astronautes avant le décollage pour des missions de courte durée dans lesquelles le cycle veille-sommeil sera modifié (avancé ou retardé de plusieurs heures pour satisfaire les besoins de la mission, par exemple dans le cas d'un décollage à 3 h du matin). La NASA envisage aussi d'utiliser cette approche dans le cadre de missions spatiales de longue durée, vers Mars, depuis que nous avons montré que des expositions à des épisodes de lumière intense le soir permettaient de synchroniser l'horloge biologique avec des journées de plus de 24 h (la journée martienne est de 24 h 39 min).

La dépression saisonnière

La pathologie pour laquelle la photothérapie est particulièrement efficace est la dépression saisonnière, ainsi appelée car elle apparaît généralement à l'approche de l'hiver et disparaît au printemps – en anglais, on l'appelle *winter blues* (« blues de l'hiver »). Sa récurrence régulière (elle apparaît tous les ans) est l'un des critères définissant la pathologie. Ses causes précises ne sont pas connues et peuvent être différentes d'un individu à l'autre. Puisque la pathologie apparaît avec la diminution de la longueur du jour, un dysfonctionnement de l'horloge biologique est l'une des hypothèses actuelles.

La photothérapie est un traitement de choix des dépressions saisonnières. Elle montre généralement des effets dans les deux premières semaines de son application et est efficace dans environ 85 % des cas, c'est-à-dire autant qu'avec les meilleurs antidépresseurs. Le traitement doit être adapté au chronotype du patient : une personne de type matinal doit être exposée plus tôt que si elle est du soir. Outre son efficacité, l'avantage majeur de la photothérapie sur les médicaments est qu'il n'existe pas ou peu d'effets secondaires ni de phénomène d'accoutumance au traitement, et que son coût est très modéré (moins cher qu'un traitement antidépresseur classique et virtuellement gratuit si l'on utilise la lumière du jour). Malgré son efficacité incontestable, ce mode de traitement n'est pas encore suffisamment répandu en France pour les raisons évoquées précédemment de méconnaissance de ses principes physiologiques par les cliniciens. Il est en revanche très utilisé aux États-Unis (il est d'origine américaine), au Canada, dans les pays du nord de l'Europe (Suède, Norvège), et en Suisse et en Allemagne où l'appareil de photothérapie est remboursé par les systèmes de santé.

La photothérapie a fait la preuve de son efficacité dans d'autres cas que celui de la dépression saisonnière : elle est utilisée depuis des années dans le traitement des troubles du rythme veille-sommeil tels que les syndromes d'avance et de retard de phase ; elle a été testée avec succès dans le traitement des dépressions prémenstruelles et des dépressions de la grossesse, de la boulimie (*bulimia nervosa*), de la démence de la maladie d'Alzheimer et dans certaines dépressions chroniques résistantes aux médicaments traditionnels. Il est tout à fait envisageable que cette approche clinique soit proposée pour d'autres indications à l'avenir.

Les troubles du rythme veille-sommeil

Ces pathologies sont décrites précisément dans le chapitre 3. Nous n'en résumons ici que les principales caractéristiques.

Nous l'avons vu, un petit groupe d'une dizaine de gènes horloge est à l'origine de la rythmicité de l'horloge biologique endogène. L'atteinte de l'un d'entre eux peut être à l'origine de pathologies. Les mieux connues des cliniciens spécialisés dans les consultations concernant le sommeil sont les syndromes d'avance et de retard de phase : les patients présentent des horaires de sommeil avancés ou retardés par rapport à la normale, mais leur sommeil est de durée et de qualité normale. S'ils peuvent vivre selon leur propre rythme, ils ne présentent généralement aucun trouble de sommeil ou de vigilance. C'est parce qu'ils essaient de suivre des horaires de veille et de sommeil « socialement normaux » qu'ils développent des troubles.

Dans le syndrome d'avance de phase, par exemple, le cycle veille-sommeil est anormalement avancé : le patient s'endort typiquement très tôt (vers 19 ou 20 h) et se réveille au milieu de la nuit (vers 3 ou 4 h). Ce trouble s'observe dans le cas de l'altération d'un seul gène horloge (le gène per2).

Le syndrome de retard de phase est le trouble opposé. Le cycle veille-sommeil est anormalement retardé : les patients sont dans l'incapacité de s'endormir avant le milieu de la nuit (vers 3 ou 4 h du matin) et se réveillent spontanément en fin de matinée (vers 11 ou 12 h). C'est un défaut au niveau d'un seul gène horloge (le gène per3) qui, dans ce cas, est responsable de la pathologie.

Le syndrome hypernycthéméral est un trouble de la synchronisation de l'horloge : tout comme les aveugles, qui sont dans un état de libre cours, les patients qui présentent ce syndrome ne parviennent pas à maintenir un cycle veille-sommeil régulier ; en général, les heures de coucher et de lever se retardent progressivement au cours du temps. Lorsque les individus tentent de garder une vie sociale et professionnelle normale, ils éprouvent les plus grandes difficultés à rester éveillés de jour, car ils sont alors en pleine nuit biologique. Les causes de ce syndrome sont encore inconnues.

Traitement et précautions à prendre

Le traitement par photothérapie repose sur une exposition à la lumière blanche (spectre lumineux visible, entre 400 et 700 nm) de lampes de haute intensité (de 3 000 à 10 000 lux), généralement pendant

30 à 60 minutes par jour, durant deux à quatre semaines. L'heure d'exposition dépend de la pathologie et doit être adaptée au chronotype du patient. Le respect strict de l'heure d'exposition prescrite (quotidiennement) conditionne la réussite du traitement.

La photothérapie est proposée par quelques centres de sommeil et services de psychiatrie. Le traitement se fait :
– soit au centre de sommeil : les patients doivent s'y rendre tous les jours sur l'ensemble de la période du traitement ;
– soit à domicile : les lampes peuvent être prêtées par le centre de sommeil ou achetées par le patient (non remboursées en France).

Dans l'état actuel des connaissances, la prescription d'une photothérapie doit être réservée à des médecins spécialistes du sommeil. Dans tous les cas, l'instauration d'un traitement par photothérapie doit faire l'objet d'une visite médicale préalable et un examen oculaire est conseillé afin d'évaluer l'innocuité d'une exposition à la lumière chez les patients atteints d'une rétinopathie (glaucome, dégénérescence rétinienne, conjonctivite, kératite, etc.). D'autre part, les lumières de courtes longueurs d'onde peuvent interagir avec des médicaments photosensibles tels que certains antidépresseurs, antipsychotiques, anti-arythmiques et antibiotiques (ils pourraient induire une pathologie de la rétine). Il a également été noté quelques rares cas de troubles maniaques chez des patients maniaco-dépressifs traités par photothérapie. Rien ne permet de dire que la photothérapie en a été la cause, mais ces patients devraient faire l'objet d'un suivi particulier.

2

Dormir ? Comment et pourquoi

Joëlle Adrien

Nous passons environ un tiers de notre vie à dormir et, pour la majorité d'entre nous, c'est la nuit qui accueille notre sommeil. Nous nous endormons le soir pour nous réveiller le matin avec cette sensation d'avoir « récupéré ». Mais récupéré quoi ? À quoi sert le sommeil ? Et comment savons-nous que « c'est l'heure » de dormir ? ou que l'on a « assez » dormi ?

Pour répondre à ces questions, il faut savoir que la place du sommeil dans les

24 h de la journée, sa durée et sa qualité sont déterminées par des mécanismes complexes mettant en jeu l'horloge biologique circadienne, elle même soumise à l'influence de l'environnement et des mécanismes cérébraux spécifiques. Quant au sommeil lui-même, il est multiforme, et l'endormissement est le début d'un véritable parcours neurobiologique et psychophysiologique, rythmé par des alternances de sommeil lent et de sommeil paradoxal.

Le rythme veille-sommeil ou la place du sommeil dans les 24 h

La pression de sommeil (le besoin de dormir) n'est pas la même tout au long des 24 h. L'humain est un animal diurne, c'est-à-dire qu'il est naturellement actif le jour et qu'il dort la nuit. En dehors de contraintes sociales ou professionnelles particulières qui imposent un autre rythme veille-sommeil (comme le travail de nuit, par exemple), la pression de sommeil est élevée le soir et augmente au fur et à mesure que s'approche le moment habituel de l'endormissement. À l'inverse, le matin voit s'éveiller un organisme qui a éclusé son besoin de sommeil et est prêt à « repartir » pour une journée d'activité. Notons qu'au début de l'après-midi une somnolence pourra apparaître, qui correspond à la sieste de la mi-journée (seuls les enfants, entre cinq ans et la puberté, n'éprouvent pas ce besoin de sieste). Le sommeil se produit donc dans une fenêtre temporelle bien déterminée, en général durant la nuit. Cette « fenêtre de sommeil » dépend de l'interaction entre le besoin de sommeil et l'horloge biologique.

L'horloge biologique principale, située dans le cerveau, bat spontanément à un rythme différent de 24 h, comme l'ont montré les expériences où les sujets passent plusieurs mois sans repères temporels et dorment en libre cours. Dans les conditions de vie habituelles, cette horloge interne est synchronisée (ou mise à l'heure) par des éléments de l'environnement qui sont principalement la lumière, l'heure légale (autour de laquelle sont organisées nos activités sociales, professionnelles et familiales), ainsi que l'activité physique. Une fois synchronisée, notre horloge fonctionne sur un rythme de 24 h, dont le meilleur témoin est la température interne du corps : haute le jour, basse la nuit, cette dernière oscille avec une amplitude d'environ 1 °C. En 1982, un chercheur zurichois, Alexander Borbély, a proposé un modèle de régulation du sommeil (figure 4) toujours d'actualité, qui permet de comprendre comment est déterminée notre « fenêtre de sommeil » (f).

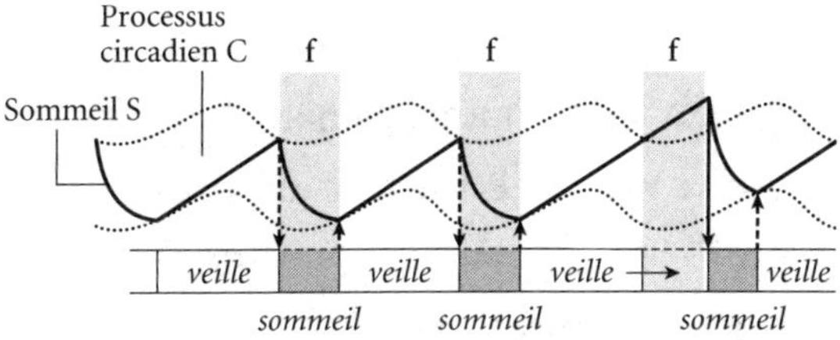

Figure 4 : La fenêtre de sommeil (adapté de A. Borbély, « A two-process model of sleep regulation », *Human Neurobiology,* 1982, n° 1, pp. 195-204).

L'horloge biologique est représentée par une bande sinusoïdale circadienne (C) oscillant sur un rythme de 24 h et à l'intérieur de laquelle évolue le besoin de sommeil (S). L'endormissement (↓) et le réveil (↑) naturels se produisent lorsque le facteur S atteint respectivement le haut et le bas de la bande C, déterminant la fenêtre de sommeil (f), qui se situe autour du minimum thermique : c'est là que le sommeil sera de qualité et de durée optimales.

Le moment propice à l'endormissement est donc celui où le besoin de sommeil s'est suffisamment accumulé au cours de la journée tandis que, corrélativement, le moment du réveil correspond à celui où le besoin de sommeil s'est assouvi.

Les mécanismes neurobiologiques qui règlent la fenêtre de sommeil sont, d'une part, des processus circadiens (certains gènes de régulation de l'horloge biologique) et, d'autre part, des substances peptidiques endogènes, notamment l'adénosine, qui induisent le besoin de sommeil selon un processus cumulatif proportionnel à la durée de la veille. Agissant comme un neuromédiateur, l'adénosine provient de neurones ou de cellules gliales (formant le tissu de soutien du système nerveux central) métaboliquement actifs et se retrouve dans l'espace extracellulaire à partir duquel elle inhibe les structures assurant l'éveil. Les taux d'adénosine augmentent au fur et à mesure de la veille, surtout si cette dernière se prolonge au-delà de la normale, finissant par entraîner la somnolence (qui traduit le besoin de sommeil), puis l'endormissement. Il est intéressant à cet égard de noter que la caféine aide à lutter contre la somnolence en s'opposant à l'action de l'adénosine par ses propriétés antagonistes des récepteurs adénosinergiques A1. L'effet éveillant de la caféine n'est pas l'apanage de l'espèce humaine, puisqu'on le retrouve même en bas de l'échelle animale, par exemple chez la drosophile.

Après l'endormissement et au fur et à mesure du décours du sommeil, la concentration d'adénosine diminue, en même temps que le besoin de sommeil.

Que se passe-t-il si l'on dort en dehors de notre fenêtre de sommeil ? Dans la vie courante, on diffère souvent la survenue du sommeil en retardant l'heure du coucher. Le besoin de sommeil s'accumule alors plus qu'à l'accoutumée puisque la veille dure plus longtemps, entraînant une somnolence et, secondairement, un endormissement plus facile. Pour autant, le réveil ne se produira pas beaucoup plus tard et la durée totale du sommeil s'en trouvera raccourcie (figure 4, à droite). On a observé par exemple que, pour des sujets dormant habituellement entre

23 h et 7 h (soit un total de 8 h), la durée du sommeil était réduite à 5 h s'ils se couchaient entre 7 h et 11 h du matin. Ainsi, malgré une nuit « blanche », se coucher à l'aube ou dans la matinée procure un sommeil écourté.

L'organisation du sommeil

Le sommeil comprend plusieurs stades qui alternent pour s'organiser en cycles. Chaque cycle débute par du sommeil lent et se termine par du sommeil paradoxal. La durée de ce cycle est la même pour tous les individus d'une même espèce.

Chez l'homme adulte, le sommeil se répartit en une seule période (généralement la nuit) et dure en moyenne 6 à 8 h. Son organisation est représentée graphiquement par un hypnogramme (figure 5). Au début du sommeil, durant les stades 1 et 2, le dormeur entre en sommeil lent léger. Le tracé électroencéphalographique se ralentit en

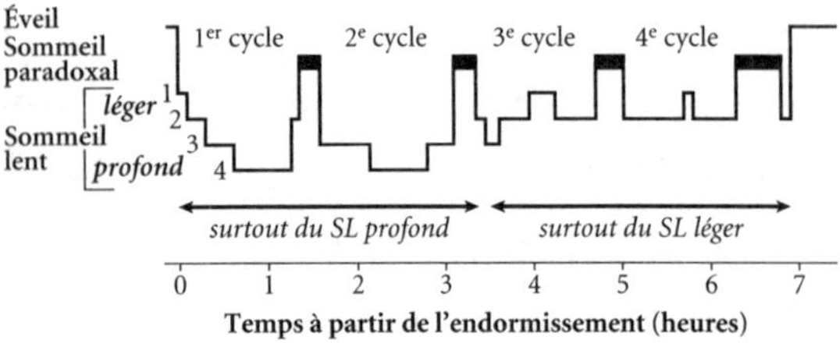

Figure 5 : Exemple d'hypnogramme chez l'humain.

générant des fuseaux – cet aspect de l'électroe ncéphalogramme, typique du stade 2, traduit le sommeil confirmé – et des ondes plus lentes qu'à l'éveil. Par la suite, le rythme devient encore plus lent tandis que l'amplitude du signal augmente : ces ondes, d'une fréquence comprise entre 1 et 3 Hz, ou ondes delta, caractérisent les stades 3 et 4 du sommeil lent, ou sommeil lent profond. Au cours de cette évolution, le tonus musculaire diminue, ce qui correspond à une relaxation générale des muscles du corps. Ces phases de sommeil lent sont entrecoupées d'épisodes de sommeil paradoxal, ou sommeil avec mouvements rapides des yeux (*Rapid Eye Movements* – ou *REM – sleep* des Anglo-Saxons), qui associe « paradoxalement » une activité cérébrale intense – le tracé électroencéphalographique est proche de celui de l'éveil – et une atonie posturale complète (le corps est comme paralysé). Le sommeil de nuit comporte quatre ou cinq cycles d'environ 90 minutes chacun. Il y a donc quatre ou cinq phases de sommeil paradoxal qui, mises bout à bout, représentent une durée totale de 1 h à 1 h 30, soit 20 % du temps de sommeil total. Pour ce qui est du sommeil lent, les stades profonds apparaissent pendant la première moitié de la nuit, tandis que les stades légers s'observent pendant la seconde moitié.

Si cette organisation du sommeil est la même pour tous, les besoins en temps de sommeil sont différents. Au-dessous de 6 h, on parle de « court-dormeur » et, au-delà de 9 h, de « long-dormeur ». Ces caractéristiques individuelles se manifestent dès l'enfance et semblent déterminées génétiquement, mais elles ne concernent pas la durée du sommeil lent qui reste une constante. Que l'on soit « court-dormeur » ou « long-dormeur », le temps de sommeil lent profond est d'environ 100 minutes par nuit.

Chez les autres mammifères, les périodes de sommeil se répartissent tout au long des 24 h (sommeil polyphasique), avec, pour certaines espèces, des quantités plus importantes d'éveil au cours de la période d'obscurité (c'est le cas des espèces nocturnes, tels les rongeurs). Le sommeil se présente néanmoins toujours sous forme de cycles d'environ quelques dizaines de minutes, avec la même alternance de sommeil lent et de sommeil paradoxal.

Les mécanismes de l'endormissement ou la bascule veille-sommeil

Le sommeil dépend schématiquement de trois systèmes neurobiologiques distincts établissant d'étroites relations réciproques : les réseaux de l'éveil, les systèmes de production du sommeil lent et les réseaux assurant la régulation du sommeil paradoxal. Ces interactions s'organisent selon une bascule veille-sommeil qui contrôle l'endormissement et une bascule sommeil lent-sommeil paradoxal qui préside à l'organisation du sommeil lui-même.

Basculer dans le sommeil se fait normalement en s'y étant préparé (s'être couché) et en ayant ressenti les signes de somnolence. Ce passage dépend tout d'abord d'une déconnexion des systèmes d'éveil. L'éveil est réglé par de multiples structures cérébrales (figure 6), qui établissent entre elles des relations complexes dont on ne connaît pas encore l'organisation hiérarchique. Ces structures sont caractérisées par leurs neuromédiateurs, notamment l'acétylcholine, le glutamate, la noradrénaline, la dopamine, l'histamine, l'hyprocrétine (ou orexine) et la sérotonine. Pendant l'éveil, toutes ces structures sont activées, préparant l'organisme à réagir à son environnement. Le stress, que chacun

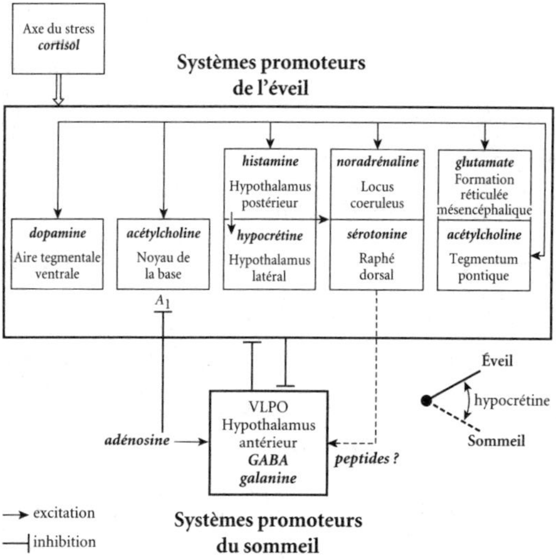

Figure 6 : La bascule éveil-sommeil.

En haut, les nombreux systèmes d'éveil sont soumis à l'influence activatrice de l'axe du stress. Ils sont en interactions mutuellement inhibitrices avec le système de sommeil (VLPO).

À droite, la mise en route alternative de ces deux systèmes dépend de la bascule éveil-sommeil (adapté de J. Adrien, L. Garma, « Neurobiologie du sommeil et de l'insomnie : insomnie primaire *versus* insomnie de l'état dépressif majeur », *Neuropsy News*, 2006, n° 5, pp. 199-204).

d'entre nous peut connaître à un moment donné de sa vie, est un facteur d'activation considérable des systèmes d'éveil *via* une hormone, le cortisol.

L'endormissement se fait non seulement grâce à l'inhibition des systèmes d'éveil, mais aussi grâce à l'activation de systèmes dont le seul connu actuellement est situé dans l'aire pré-optique de l'hypothalamus antérieur ventrolatéral (VLPO). Ce noyau contient des neurones synthétisant l'acide gamma-aminobutyrique (GABA) et la galanine. Il envoie des projections inhibitrices sur la plupart des réseaux de l'éveil, ce qui en fait un véritable système « anti-éveil ». Ainsi, le VLPO inhibe principalement les neurones producteurs d'histamine et d'hypocrétine de l'hypothalamus postérieur et latéral ainsi que les neurones producteurs de noradrénaline (Locus coeruleus) et de sérotonine (Raphé dorsal).

La mise en route du système anti-éveil se réaliserait par l'action de peptides (de nature encore inconnue), synthétisés sous l'influence de la sérotonine au niveau du VLPO et accumulés pendant l'éveil. De la même façon, l'adénosine, libérée au cours de l'éveil, faciliterait l'endormissement à la fois par l'activation du VLPO et par l'inhibition des neurones impliqués dans l'éveil cortical, notamment les neurones cholinergiques (producteurs d'acétylcholine) des noyaux de la base. Ainsi, la sérotonine et l'adénosine jouent un rôle d'interface entre la veille et le sommeil, en étant activement synthétisées pendant l'éveil pour faciliter la préparation du sommeil, puis en agissant sur les structures d'endormissement. Une fois cette étape franchie, les neurones GABA et la galanine du VLPO maintiendraient cette mise au repos des systèmes d'éveil, tout en commençant à activer les systèmes de sommeil proprement dits.

L'équilibre entre les réseaux de l'éveil et ceux de l'endormissement peut se concevoir comme un système de bascule (représenté à droite de la figure 6) dont le fonctionnement peut être perturbé par des influences externes (bruit, température...) ou internes (douleur, stress, excitation...). La plupart du temps, ce sont ces influences qui sont responsables des difficultés d'endormissement, occasionnelles chez les bons dormeurs, récurrentes ou chroniques chez les insomniaques. Une fois dans la position « sommeil », la bascule serait maintenue dans cet état par l'influence de l'hypocrétine, qui permet de limiter les états de transition entre sommeil et éveil, et donc de favoriser une bonne stabilité du sommeil.

L'alternance entre le sommeil lent et le sommeil paradoxal

Sommeil lent et sommeil paradoxal alternent tout au long de la période de sommeil, selon une autre bascule qui dépend des interactions entre les systèmes de contrôle de chacun de ces deux états de sommeil.

Dans cette alternance, le sommeil lent, dont les mécanismes de régulation sont encore très mal connus, est toujours le premier à apparaître après l'endormissement. On sait que ce sont surtout les neurones producteurs de GABA des noyaux de la base qui, prenant le relais du VLPO après l'endormissement, jouent un rôle important dans le contrôle du sommeil lent (figure 7). Ce système GABA inhibe à la fois les neurones à acétylcholine voisins et les neurones à histamine situés dans l'hypothalamus postérieur, tous impliqués dans l'éveil cortical. Il y a donc inhibition corticale et apparition de fuseaux et d'ondes lentes engendrés par le thalamus. L'adénosine intervient aussi dans ce schéma, en facilitant la production des ondes lentes caractéristiques du sommeil lent profond.

Les mécanismes de régulation du sommeil paradoxal, mieux connus, sont complexes. Pour simplifier, on peut dire que la production du sommeil paradoxal dépend de systèmes d'accélération et de freinage qui se situent à plusieurs niveaux du cerveau et qui sont constamment en compétition (figure 7). Le principal de ces systèmes se trouve à la

Figure 7 : Organisation des sommeils lent et paradoxal.
À gauche : le sommeil lent dépend de l'inhibition par le GABA de l'hypothalamus antérieur (VLPO) et des noyaux de la base.
À droite : le sommeil paradoxal dépend de l'activation du système SP-on, lui-même libéré de l'influence du système SP-off (adapté de J. Adrien, L. Garma, *op. cit.*).

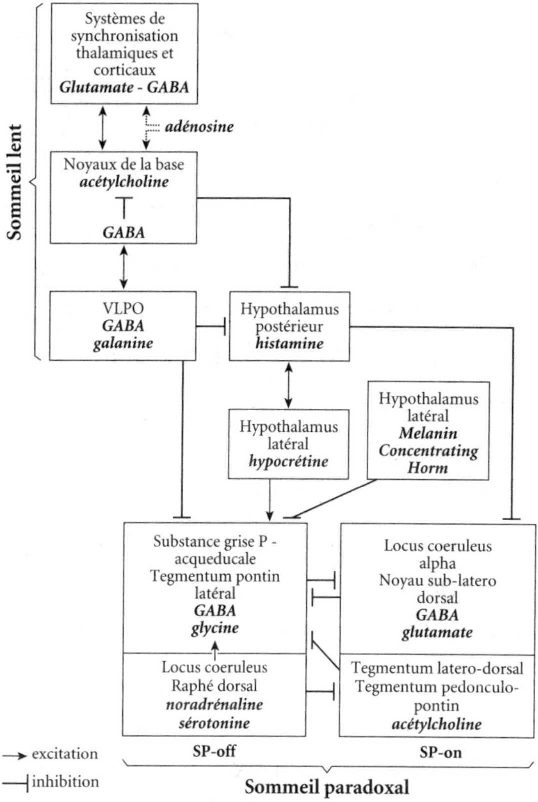
Sommeil lent
Systèmes de synchronisation thalamiques et corticaux
Glutamate - GABA
adénosine
Noyaux de la base
acétylcholine
GABA
VLPO
GABA
galanine
Hypothalamus postérieur
histamine
Hypothalamus latéral
hypocrétine
Hypothalamus latéral
Melanin Concentrating Horm
Substance grise P - acqueducale
Tegmentum pontin latéral
GABA
glycine
Locus coeruleus
Raphé dorsal
noradrénaline
sérotonine
Locus coeruleus alpha
Noyau sub-latero dorsal
GABA
glutamate
Tegmentum latero-dorsal
Tegmentum pedonculo-pontin
acétylcholine
excitation
inhibition
SP-off
SP-on
Sommeil paradoxal

base du cerveau, dans le tronc cérébral : l'accélération y est assurée par des neurones très actifs pendant le sommeil paradoxal (SP-on) et le freinage par des neurones inactifs pendant le sommeil paradoxal (SP-off). À leur tour, les influences qui s'exercent sur ce système de base auront un effet d'accélération ou de freinage selon qu'elles encourageront ou réduiront l'accélérateur ou le frein : c'est le cas de l'hypothalamus latéral ou postérieur. Dans l'ensemble, les systèmes accélérateurs sont produits par le GABA, le glutamate et l'acétylcholine du tronc cérébral, tandis que les systèmes de freinage concernent schématiquement tous les autres neuromédiateurs de l'éveil (sérotonine, noradrénaline, histamine, hypocrétine). Notons que ces systèmes de freinage du sommeil paradoxal sont ceux qui participent à la genèse de l'éveil et du sommeil lent. Lorsqu'ils s'activent, ils signent la fin de la phase paradoxale, pour un passage vers l'éveil ou vers le sommeil lent.

Quelles sont les fonctions du sommeil lent et du sommeil paradoxal ?

L'ensemble de cette machinerie complexe a un rôle de mieux en mieux compris grâce aux travaux réalisés durant les années 2000.

Intuitivement, le sommeil est régénérateur : il sert à se reposer. Mais la question est de savoir plus précisément quelles fonctions sont spécifiquement assurées, restaurées ou améliorées. Afin de pouvoir répondre, on a analysé les conséquences de la privation de sommeil sur un certain nombre de grandes fonctions physiologiques et cognitives. Ces expériences indiquent que les bénéfices du sommeil concernent prioritairement le cerveau et que, à long terme, la privation ou la simple limitation du sommeil peuvent avoir des effets délétères non seulement sur la santé mentale et les fonctions cognitives (notamment la mémoire), mais également sur les plans cardio-vasculaire, métabolique, digestif ou immunitaire.

Les fonctions du sommeil se déclinent selon le type de sommeil considéré.

Du fait du niveau d'activité cérébrale peu important qu'il induit, le sommeil lent permet une reconstitution des réserves énergétiques (le glycogène cérébral) et une diminution de la température du cortex. Il correspond surtout à un « repos » du cortex, mais il s'y effectue aussi un travail de mémorisation dans le registre déclaratif – comme la mémoire d'une liste de mots, d'un itinéraire, de faits précis.

Les fonctions du sommeil paradoxal sont beaucoup plus énigmatiques. En effet, le cerveau est si actif au cours de ce stade (Michel Jouvet parle d'un « véritable orage cérébral ») que l'on ne peut évidemment pas l'assimiler à du repos.

L'observation de l'importance du temps que le nouveau-né passe en sommeil paradoxal a suggéré la proposition selon laquelle cet état faciliterait le développement du cerveau en lui fournissant les stimulations nécessaires à sa maturation par l'intense activité cérébrale qu'il génère.

Par la suite et tout au long de la vie, le sommeil paradoxal serait le lieu privilégié d'une réorganisation synaptique, tributaire de l'expérience diurne qui a précédé la phase de sommeil. Il constituerait également une interface entre l'impact de l'expérience (au cours de l'éveil) et le programme génétique qui détermine le fonctionnement des réseaux neuronaux : il consoliderait ainsi l'« individuation », c'est-à-dire la personnalité biologique et psychologique. Selon cette théorie, le sommeil paradoxal protégerait en quelque sorte le cerveau d'une trop grande influence de l'environnement. Une telle fonction de protection est essentielle, et le bien-fondé de cette théorie a été démontré dans le cas de la perception visuelle chez le chat : cette dernière sera d'autant plus altérée par un environnement visuel particulier que l'animal aura été privé de sommeil paradoxal.

Enfin, ce stade de sommeil facilite la mémorisation, comme le montrent des travaux récents d'imagerie fonctionnelle cérébrale : c'est en effet pendant le sommeil paradoxal que s'exerce la mémoire procédurale – celle du raisonnement, du savoir-faire.

Les effets de la privation de sommeil

Le manque de sommeil a de nombreuses conséquences physiologiques et psychologiques.

À court terme, apparaissent une somnolence diurne et des difficultés de concentration. Les fonctions dites « supérieures » du cerveau sont les premières à subir des altérations : il s'agit notamment de la mémoire, de l'humeur et du contrôle de la motricité.

À plus long terme, le manque chronique de sommeil entraîne des effets physiologiques bien caractérisés comme une baisse des défenses immunitaires, une hypertension, des troubles métaboliques (diabète) ou gastro-intestinaux. Les effets sur le poids sont maintenant mieux connus. Chez les personnes qui ne dorment que 5 h par nuit, il a été montré que deux hormones en subissent les effets : la leptine, qui réduit la prise alimentaire et stimule les dépenses d'énergie, est diminuée ; la ghréline, qui stimule l'appétit, est augmentée. Cela explique un constat récent : moins les personnes dorment, plus le surpoids est important. Des effets sur l'humeur sont également observés, avec notamment une vulnérabilité particulière au stress et à certaines psychopathologies comme la dépression.

Des études plus précises de ces effets sont réalisées couramment chez l'animal. Ainsi, chez le rat, la restriction du temps de sommeil à la moitié de sa durée normale pendant huit jours (soit l'équivalent de quatre à six mois chez l'homme) entraîne des altérations neurobiologiques et comportementales évoquant celles de la dépression : l'efficacité de la neurotransmission en sérotonine diminue progressivement, comme chez le patient déprimé. Le stress ajoute à cette altération un dysfonctionnement du système producteur d'acétylcholine qui va également dans le sens du tableau dépressif, avec des réactions émotives anormales.

Au vu de ces données préoccupantes, la question se pose de savoir en combien de temps la dette de sommeil et ses conséquences peuvent être « récupérées ». Le fait de dormir plus longtemps pendant le congé de fin de semaine permet-il d'annuler les effets négatifs de la privation de sommeil ?

Oui, si la privation totale de sommeil a été de courte durée (une nuit par exemple). Dans ce cas, la récupération est relativement rapide, puisqu'il suffit d'une ou deux nuits de sommeil prolongé pour retrouver toutes ses capacités. Il en va différemment si la privation totale de sommeil dure longtemps. Chez l'humain, le record a été établi par Randy Gardner en 1957 pour une durée de onze jours sans sommeil. Une récupération du sommeil a été observée pendant deux nuits : une première nuit de 11 h 40 et une seconde de 8 h, ce qui est peu en regard du sommeil « perdu ». Cependant, on ne sait pas comment les autres fonctions ont été restaurées, et on ne peut tirer de conclusion générale de cet exemple, car il s'agit du cas isolé d'un jeune homme de dix-sept ans très motivé par le fait de battre un record sous l'œil des médias. De plus, des expériences de ce type ne sont bien entendu pas couramment effectuées. En revanche, on sait, pour l'avoir observé chez l'animal de laboratoire, que la privation totale de sommeil de longue durée a des effets très graves. Elle se solde par une impossibilité de récupérer le sommeil manquant et, après deux à trois semaines de privation, par un point de non-retour au-delà duquel l'animal meurt, même si on lui accorde du sommeil à satiété.

Les effets de la privation partielle de sommeil sont plus insidieux. En effet, dans les cas de limitation du temps de sommeil sur une longue période, ce qui correspond à une réalité fréquemment vécue, d'une part, le sujet n'est pas conscient de l'altération progressive de ses capacités cognitives et, d'autre part, deux ou trois nuits de sommeil *ad libitum* ne sont pas suffisantes pour restaurer les capacités ni la vigilance.

Les données obtenues chez l'animal confirment ces constatations : le rat dont le temps de sommeil est réduit de moitié pendant huit jours aura besoin d'au moins sept jours de sommeil de récupération (sans restriction aucune) pour restaurer les fonctions altérées par le manque de sommeil.

Le manque de sommeil chronique a donc des effets beaucoup plus préoccupants sur la santé que la privation totale de sommeil de courte durée. Cette limitation du temps de sommeil, qui est devenue la règle dans la société moderne, entraîne chez certains sujets des troubles avérés, et chez d'autres une fragilisation, notamment une modification de la réactivité au stress. Ces effets négatifs s'installent progressivement au cours du temps et ne sont inversés qu'après de nombreuses nuits de récupération d'un sommeil « à volonté ».

Et le rêve ?

L'activité mentale ne s'interrompt pas pendant le sommeil. Nous en faisons tous l'expérience lorsque nous rêvons. Cet état mystérieux et fascinant du cerveau a été étudié dès la découverte du sommeil paradoxal, à la fin des années 1950. Qu'en sait-on aujourd'hui ?

Au cours du sommeil, l'activité onirique traduit cette activité mentale, qui se présente soit sous forme d'hallucinations articulées en véritables scénarios (rêves « présents » ou « vivaces »), typiques du sommeil paradoxal, soit sous une forme moins élaborée, plus spécifique du sommeil lent. Dans ce dernier cas, il s'agit surtout de pensées ou de réflexions sans véritable contenu hallucinatoire. À l'inverse, l'activité onirique du sommeil paradoxal est très riche et l'activation cérébrale qui lui correspond est d'une particulière intensité. Cela a pu suggérer l'existence d'un rapport causal entre les événements physiologiques du sommeil et le contenu du rêve. Il a été proposé, par exemple, que les mouvements des yeux refléteraient l'observation, par le rêveur, de la « scène » vécue dans son rêve. On sait aujourd'hui que ce n'est pas le cas et que les deux phénomènes (mouvements des yeux et contenu visuel du rêve) sont synchrones simplement parce qu'ils proviennent de la même activation du système générateur du sommeil paradoxal. Cette activation de source interne entraîne simultanément, d'une part, une contraction des muscles extra-oculaires (responsables du mouvement de l'œil) et, d'autre part, une intense activation de tout le système visuel sensoriel (responsable de la formation des images visuelles). À ce titre, le sommeil paradoxal est le moment neurophysiologique privilégié pour la genèse du rêve, qui allie événements psychophysiologiques d'une grande intensité et absence d'expression comportementale du fait de la paralysie du corps (l'atonie des muscles posturaux). Ainsi, le rêveur vit « à blanc » tout le scénario de son rêve.

En dehors des rêves classiques, on peut citer les rêves d'angoisse – ou cauchemars –, qui sont des rêves élaborés au contenu effrayant. Ils se produisent non seulement durant le sommeil paradoxal, mais également pendant le stade 2 du sommeil lent, et apparaissent le plus souvent au cours des dernières heures de sommeil. Contrairement aux cauchemars, les rêves traumatiques (qui adviennent chez des personnes souffrant de stress post-traumatique) se produisent en dehors du sommeil paradoxal, généralement au cours de la première moitié de la période de sommeil. Ils répètent des événements traumatiques du passé.

Au moment de l'endormissement et du réveil, peuvent se produire des rêveries appelées respectivement « hallucinations hypnagogiques » (à l'endormissement) et « hallucinations hypnopompiques » (au réveil) ; elles sont de courte durée, souvent très imagées (scènes, bruits, etc.), avec un scénario peu élaboré.

Le souvenir des rêves n'est pas systématique, bien que chaque nuit soit riche en activité onirique. La mémorisation du rêve sera d'autant plus facile que ce dernier aura eu lieu pendant le sommeil paradoxal et que l'on se sera réveillé peu de temps après. Le souvenir des rêves dépend de l'âge (les jeunes de quinze à vingt-cinq ans rapportent le plus grand nombre de récits de rêves le matin), mais aussi directement de l'attention qu'on leur porte : ainsi, le fait de suivre une psychothérapie ou une psychanalyse, de rédiger un « journal des rêves », de faire partie de groupes de *dream telling*, etc., favorise la mémorisation des rêves.

La façon dont se construit l'activité mentale au cours du sommeil demeure énigmatique, mais les processus cognitifs mis en jeu font l'objet de recherches utilisant les nouveaux outils de la neuropsychologie, de la psycholinguistique et de l'imagerie cérébrale. Les hypothèses proposées actuellement accordent un rôle tout particulier au système producteur de dopamine et aux régions frontale et préfrontale du cerveau, tous impliqués dans la composante émotionnelle de l'activité mentale.

Pour conclure

Les états de vigilance sont réglés par un grand nombre de structures interconnectées qui assurent un équilibre subtil entre l'expression de l'éveil, celle du sommeil lent et celle du sommeil paradoxal. Si toutes les régions du cerveau ne sont pas engagées directement dans la production de ces états de vigilance, leur activité est différente dans chacun de ces états. En somme, le sommeil concerne tout l'organisme, ce qui en fait son enjeu, mais aussi souvent sa fragilité.

La qualité du sommeil dépend à la fois de mécanismes neurobiologiques complexes et de la façon dont nous organisons la période d'éveil : horaires, activités de la journée, stress, etc. Il est fréquent qu'une mauvaise organisation des rythmes veille-sommeil retentisse sur le fonctionnement des systèmes de régulation du sommeil, sans que ces derniers soient *a priori* altérés, c'est-à-dire sans que les mécanismes neurobiologiques du sommeil soient à mettre en cause. Finalement, les conséquences délétères de la réduction chronique du temps de sommeil sur la santé ne sont pas négligeables, surtout chez les personnes particulièrement vulnérables (enfants, adolescents...) ou qui subissent des stress répétés.

3

Le mal-dormir

Sylvie Royant-Parola

Alors que j'étais jeune interne à l'hôpital Sainte-Anne, je demandai à l'un de mes patients schizophrènes s'il avait bien dormi ; il me répondit qu'il avait passé une mauvaise nuit. Comme je cherchais à avoir des précisions, je l'interrogeai :

« Vous avez eu des difficultés à vous endormir ?

– Non !

– Vous vous êtes réveillé au cours de votre sommeil ?

– Non !

– Vous vous êtes réveillé trop tôt ce matin ?
– Non !
– Mais alors, que s'est-il passé ?
– Je n'ai pas trouvé le rêve… »

La notion de mauvais sommeil est très subjective. Elle évolue selon la société dans laquelle on vit, l'image que l'on se fait d'un « bon sommeil » et son état psychique et émotionnel.

Ainsi, pour les Bassaris, qui accordent une grande place au rêve, le fait de dormir sans aucun souvenir onirique est synonyme de mauvais sommeil. Dans notre société, où l'individu est sans cesse sollicité, un bon sommeil est au contraire un sommeil sans histoire, au sens propre du terme : il n'y a rien à raconter, ni rêve ni vécu. Un bon dormeur auquel vous demandez s'il a bien dormi sera peu loquace, car il se couche, s'endort, se réveille et se lève ! Si vous posez la même question à un insomniaque, la réponse sera très différente et, surtout, très longue… Le temps de l'insomnie paraît interminable, occupé par des pensées, du mal-être, de l'agacement, de l'agitation et, parfois, des déambulations.

La manière de réagir à une mauvaise nuit dépend beaucoup de la personne, de son anxiété et de l'anxiété engendrée par la situation – ce qui n'est pas exactement la même chose. Ainsi, certaines personnes sont tellement anxieuses que le sommeil ne peut s'installer ou les éveils se succèdent au cours de la nuit. Tandis que, pour d'autres, c'est le fait de ne pas dormir qui provoque une tension de plus en plus importante.

Le « mal-dormir » se situe aux confins du mal-être ; il stigmatise une mauvaise qualité de vie et/ou une ou plutôt différentes maladies, la mise en évidence des plus organiques d'entre elles étant récente. En effet, la médecine du sommeil a commencé à se structurer dans les années 1950, période des débuts de la compréhension de l'organisation du sommeil ; elle s'est ensuite développée à partir de 1980. Actuellement, malgré un essor considérable, elle n'est pas encore intégrée dans les études de médecine et le mauvais dormeur a parfois du mal à trouver une aide médicale adaptée à son problème.

Comment détraquer son sommeil ?

Dans notre société où le « toujours plus » n'est jamais assez, le sommeil est souvent vécu comme une perte de temps, ce qui nous rend très négligents par rapport à lui. Avant de penser à son sommeil, l'individu privilégie son activité professionnelle, ses obligations familiales, ses relations avec ses amis, ses loisirs… Pourtant les besoins en sommeil de chacun sont différents. Du « court-dormeur » – moins de six heures de sommeil quotidien – au « long-dormeur » – plus de neuf heures –, il est difficile de mettre en avant une norme concernant le sommeil. Néanmoins, on constate une diminution du temps de sommeil depuis un siècle, en particulier chez certaines populations : les travailleurs postés (en horaires décalés), les conducteurs professionnels, les enfants et les adolescents (figure 8). Pour ces derniers, la diminution est dramatique, avec une perte d'au moins deux heures de temps de sommeil au cours de la semaine et de plus d'une heure et demie au cours du week-end.

Ne pas dormir assez, se coucher n'importe quand, ne pas respecter son rythme de sommeil a des conséquences sur le fonctionnement de la journée. Il y a beaucoup de bon sens dans le proverbe : « Comme on fait son lit, on se couche. » La nuit se prépare en effet par une bonne

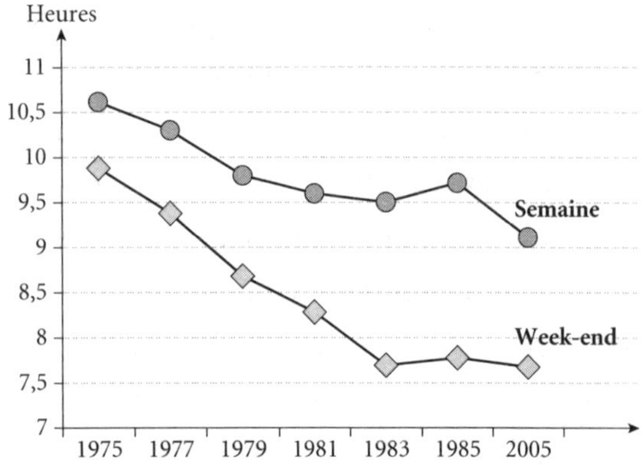

Figure 8 : Durée du sommeil chez l'adolescent.

journée… et l'inverse est également vrai ! Dormir permet de se reconstruire pour affronter la journée du lendemain.

Pour bien dormir, il faut être dans de bonnes conditions. Parfois évidents, comme la qualité du sommier ou du matelas, les effets de l'environnement sur le sommeil peuvent être redoutables. Deux situations sont particulièrement délétères pour le sommeil : un environnement bruyant et une température excessive dans la chambre.

Dans les villes, s'isoler du bruit n'est pas chose facile. Les voisins sont parfois bruyants, envahissants et d'autant plus insupportables que leurs rythmes sont différents du nôtre et leur niveau sonore élevé. L'intrusion du bruit de l'autre au sein de notre intimité est vécue comme une agression entraînant des sentiments de persécution qui peuvent prendre des formes exacerbées. Une de mes patientes, une enseignante à la retraite vivant depuis quinze ans dans le même immeuble, avait très mal vécu l'arrivée d'un jeune couple avec un enfant. Alors qu'elle était charmante, elle ne supportait pas la musique et la télévision que ses nouveaux voisins lui imposaient. Se couchant très tôt, elle était forcément gênée. Petit à petit, elle se mit à guetter les bruits, puis à épier les allées et venues et interprétait tout ce qui se passait comme des comportements délibérément organisés contre elle. La situation aurait fort bien pu devenir ingérable sans une explication suscitée par la jeune femme dans l'ascenseur, ce qui permit à chacun de dire les choses et de mieux connaître l'autre.

Les bruits de proximité peuvent provoquer des nuisances sonores très gênantes, qui peuvent aller jusqu'à faire fuir les voisins et se terminer par des procès longs et usants. C'est le cas par exemple de certains restaurants, boîtes de nuit, salles de gymnastique, ateliers rattachés à un immeuble, qui font régulièrement réagir les habitants, gênés dans leur rythme de sommeil.

La température est aussi une source de perturbation. Idéalement, celle de la chambre doit se situer entre 18 et 22 °C. Une température fraîche, voire froide, est plutôt bien supportée, dans la mesure où l'on est bien couvert, y compris la tête – ce qui explique la présence d'une capuche dans les sacs de couchage de montagne et des bonnets de nos grand-mères ! –, car le corps dégage de la chaleur et arrive à créer une niche thermique de 18 °C autour du dormeur. Mais gare aux fuites ou aux courants d'air, car il sera alors bien difficile de dormir. Dans une pièce trop chaude, il en va tout autrement : la chaleur est beaucoup plus déstructurante pour le sommeil, en raison des modifications de la régulation de la température au cours du sommeil. Nous sommes des mammifères homéothermes, c'est-à-dire que, quelle que soit la température extérieure, celle de notre corps se maintient à 37 °C. Lors du sommeil paradoxal, qui survient périodiquement à la fin de chaque cycle, il n'en est plus de même : il n'y a plus de régulation de la température, et celle de notre corps s'équilibre donc sur celle de la pièce. Or il est très dangereux pour notre cerveau de voir sa température s'élever. C'est pourquoi, s'il fait très chaud, non seulement on a du mal à s'endormir (car le sommeil se produit quand la température du corps baisse), mais on se réveille en outre à chaque cycle de sommeil paradoxal. Cela explique pourquoi tant de personnes ont des difficultés pour dormir lors des périodes de canicule.

Indépendamment de l'individu et de son environnement, un mauvais sommeil peut s'expliquer par toutes sortes de causes inhérentes à la personne elle-même et à ses propres dysfonctionnements : simple mal-être ou maladies tout à fait identifiées, mode de vie, rythme imposé… la liste est longue et nous en aborderons les plus fréquentes ou originales. Les maladies provoquant des douleurs, une gêne ou de la fièvre peuvent altérer le sommeil, et il est alors facile de comprendre pourquoi on ne dort pas ; en revanche, certaines pathologies du sommeil ne sont pas évidentes à diagnostiquer et, surtout, sont restées longtemps méconnues par les médecins, comme les apnées du sommeil ou le syndrome des jambes sans repos.

Les conséquences d'une mauvaise nuit

Alors qu'un bon dormeur s'endort en moins de trente minutes, dort jusqu'au matin avec très peu d'éveils et se réveille avec la sensation d'avoir eu un sommeil récupérateur, celui qui passe une mauvaise nuit se retrouve parfois aussi fatigué le matin que lorsqu'il s'est couché la veille. Le mauvais sommeil est suivi, dans la journée, d'une baisse de performance avec des troubles de la mémoire, d'une humeur maussade, voire d'une irritabilité, de coups de barre avec parfois des moments de lutte contre la somnolence pouvant aboutir à des endormissements incoercibles et involontaires.

Passer une mauvaise nuit, se coucher tard, faire une nuit blanche sont des expériences que chacun d'entre nous a connues. S'il s'agit d'un phénomène occasionnel, mises à part les conséquences immédiates – fatigue et somnolence le lendemain –, il n'y a pas lieu de s'inquiéter. En revanche, lorsqu'il s'agit d'un problème régulier, le mauvais sommeil peut avoir un retentissement qui mine les performances et la qualité de vie de la personne (voir le chapitre 2). Plus récemment, un constat d'ordre général a été établi, portant sur l'incidence du mauvais sommeil en termes de santé publique.

Le quotidien regorge de situations où l'on est obligé d'adopter un compromis entre ses besoins de sommeil, son désir de privilégier telle ou telle activité et ses obligations. Ces dernières sont essentiellement professionnelles et familiales. Les premières peuvent être très contraignantes. En termes de conséquences sur le sommeil, les pires conditions professionnelles sont celles du travail en horaires alternés, les « 3 x 8 », ce nom faisant référence au trois fois huit heures travaillées tantôt la journée, tantôt l'après-midi, tantôt la nuit. Ce rythme très particulier est le plus déstructurant qu'un individu puisse affronter. En fait, il ne s'y habitue jamais : il n'y a pas d'accoutumance possible à de telles ruptures de rythmes, qui sont plus ou moins bien supportées. On a pu montrer que les gens du soir et les court-dormeurs ont généralement plus de chances de s'adapter à ce travail que les personnes du matin ou ceux qui ont besoin de beaucoup de sommeil. L'avance en âge intervient également, car elle s'accompagne souvent de difficultés croissantes. Les premiers signes d'alerte sont l'apparition d'une insomnie avec utilisation de plus en plus fréquente ou régulière d'hypnotiques pour dormir. Secondairement, apparaissent des troubles de l'humeur avec une dépression caractérisée. Il est alors indispensable de supprimer les ruptures de rythme pour permettre à la personne de récupérer. L'intolérance à ce type de travail peut entraîner la nécessité d'un reclassement professionnel.

Le travail de nuit est également difficile à vivre. Néanmoins, les horaires sont plus réguliers et, dans la mesure où le travailleur ne cherche pas à tout prix à dormir à des horaires « normaux » durant ses jours de repos, l'adaptation peut être excellente, moyennant un mode de vie un peu particulier.

Sur le plan familial, la présence d'enfants en bas âge, le fait d'être un parent isolé, d'avoir des temps de transport conséquents associés à une durée de travail rigide et envahissante peuvent conduire certains à amputer leur sommeil d'une manière importante afin de tout assumer.

Face au mauvais sommeil ou à un sommeil insuffisant du fait des obligations, la sieste apparaît comme un moyen de récupérer. Une étude grecque a montré que la sieste occasionnelle s'accompagne d'une chute de 12 % du taux de mortalité par maladie coronarienne, ce chiffre atteignant les 37 % lorsque la sieste est régulièrement pratiquée au moins trois fois par semaine ! Malheureusement, ces résultats ne concerneraient que les hommes actifs. En effet, l'étude n'a pas pu faire ressortir de résultats probants pour les femmes. Attention, la sieste conseillée est une sieste brève de moins de vingt minutes, afin de ne pas interférer avec le sommeil de la nuit. Ce temps de sommeil apporté par la sieste n'est pas « en plus », mais s'intègre au temps de sommeil idéal nécessaire à chaque individu.

Les insomnies

L'insomnie se définit par la plainte d'un mauvais sommeil. Celui-ci peut se traduire par des difficultés à l'endormissement, des réveils en cours de nuit, un réveil trop tôt le matin ou bien encore l'impression pénible de ne pas avoir pu s'endormir et d'être resté « entre deux » tout au long de la nuit. On ne peut parler d'insomnie en tant que pathologie que si ce mauvais sommeil a des conséquences sur la qualité de la journée.

Une personne qui dit avoir mal dormi et qui se sent bien dans la journée n'est pas insomniaque, mais est peut-être un court-dormeur qui s'ignore.

Passer occasionnellement une mauvaise nuit est une expérience commune. Épisode douloureux, mauvaise bronchite, repas trop copieux, voisinage bruyant… et notre sommeil est perturbé. Il en va tout autrement de l'insomnie, qui dure plus de trois mois, devient chronique et s'installe souvent durant des années. Il y a probablement des facteurs prédisposants, en partie liés à une composante génétique, mais il y a aussi des facteurs précipitants : ce sont les événements que la vie ne manque pas de nous apporter, qu'ils soient heureux ou malheureux, du moment qu'ils sont suffisamment forts sur le plan émotionnel ou affectif. Et il y a aussi des facteurs d'entretien. En effet, l'insomnie appelle l'insomnie ! Plus on se crispe sur le symptôme, plus l'anxiété liée à la situation s'accroît, et moins on dort…

Symptôme fréquent, l'insomnie touche 20 à 30 % de la population française, avec 15 à 20 % d'insomnie modérée et 9 à 10 % d'insomnie sévère. Signe de gravité, près de 10 % de la population consomme régulièrement un anxiolytique ou un hypnotique. Les femmes sont deux fois plus touchées par l'insomnie que les hommes. Ce constat apparaît dès l'adolescence, ce qui plaide en faveur de facteurs hormonaux surajoutés, ces derniers n'étant néanmoins pas suffisants pour expliquer les différences car, à la ménopause, la situation ne s'arrange pas radicalement, même si l'on note que plus l'âge avance, plus les caractéristiques du sommeil des femmes ont tendance à se rapprocher de celles des hommes.

L'anxiété, sous toutes ses formes, est une grande pourvoyeuse d'insomnie. De l'anxiété généralisée qui perturbe le sommeil à tout moment de la nuit en passant par les TOC (troubles obsessionnels compulsifs) ou les phobies, l'anxiété favorise l'éveil et donc l'insomnie. Elle provoque le plus souvent des difficultés d'endormissement liées à des pensées récurrentes, à des idées qui s'imposent, à des préoccupations obsédantes. Les angoisses, qui surviennent le plus souvent vers 3 ou 4 h du matin ou en fin de nuit, sont fréquemment liées à une période de stress mal supportée qui risque d'évoluer vers une dépression si une solution n'est pas trouvée. Le stress déstructure en effet beaucoup le sommeil. Il s'installe lorsque la pression professionnelle est forte ou que la charge de travail est énorme. Généralement, le sommeil survient alors rapidement car, en période de stress, les besoins en sommeil sont rarement respectés, mais il est difficile de le maintenir, car il se fractionne à partir de la seconde partie de la nuit. Une somnolence se fait alors souvent sentir dans la journée, avec parfois une sieste les jours de repos.

La dépression est l'autre cause fréquente d'insomnie : avec l'anxiété, elle explique près de 50 % des insomnies. Il s'agit le plus souvent d'une insomnie de seconde partie de la nuit, avec la sensation d'un réveil précoce ou d'un sommeil très morcelé en fin de nuit. Le début de cette insomnie est soit progressif, soit au contraire brutal, se manifestant après plusieurs nuits d'« insomnie totale », durant lesquelles la personne dit ne pas avoir fermé l'œil. Dans ce second cas, elle peut même préciser la date du début de son insomnie, au jour près. Ce début brutal fait généralement suite à des événements traumatisants : deuil, perte d'emploi, maladie... Cette insomnie est très trompeuse car, au début, le seul symptôme reconnu est le trouble du sommeil. Il faut alors rechercher des signes subtils de dépression : irritabilité et agressivité, repli sur soi, ralentissement, goût à rien, obligation de se forcer pour faire la moindre chose, y compris des activités habituellement investies avec plaisir. Le patient vit à l'économie : il fait face à ses obligations de travail et de vie familiale, mais s'écroule littéralement le week-end, durant lequel il prolonge souvent son sommeil et fait la sieste. Si on lui demande s'il est déprimé, la réponse est rarement positive. Lorsque le symptôme n'est pas identifié comme signe de dépression et que l'on traite symptomatiquement l'insomnie par des hypnotiques ou des anxiolytiques, la dépression peut s'aggraver. Le tableau clinique devient alors évident. Il est important d'être alerté devant les premiers signes de cette insomnie particulière, car plus le diagnostic est posé rapidement, plus la mise en route d'un traitement adapté a des chances d'apporter une amélioration. Cette insomnie peut être l'un des symptômes d'une maladie psychiatrique connue, comme les troubles bipolaires ; son diagnostic est alors plus facile à établir.

L'insomnie est en quelque sorte le baromètre de l'humeur. Si celle-ci vient à changer, le sommeil se modifie précocement par rapport aux autres signes. La réapparition d'une insomnie peut indiquer que la dépression n'est pas loin ou qu'un état d'excitation ou de subexcitation se prépare. Dans tous les cas, cela signifie que l'humeur est encore très instable. Des difficultés à se lever, une somnolence diurne qui s'installe auront la même signification et il faudra envisager une possible reprise des symptômes dépressifs. Lorsque la personne se connaît bien, elle sait reconnaître ces signes, qui constituent autant de signaux d'alerte devant la conduire à consulter le plus rapidement possible.

Moins bien connue, l'insomnie psychophysiologique est en cause dans 15 à 20 % des insomnies. Il s'agit d'une insomnie « conditionnée », c'est-à-dire qui s'est créée à partir d'une expérience initiale d'insomnie suivie par la peur de ne pas dormir. Le début de l'insomnie est lié à une cause clairement identifiée, dont l'origine peut être très variée : des douleurs importantes, une dépression, les suites de la naissance d'un enfant... La répétition des nuits d'insomnie fait qu'au bout d'un certain temps une angoisse liée au sommeil apparaît. La personne est persuadée qu'elle ne va pas dormir, que son insomnie va recommencer et elle en anticipe les conséquences désastreuses sur la qualité de sa journée du lendemain. Il s'agit essentiellement d'une insomnie d'endormissement. Elle est associée à des comportements qui aggravent l'insomnie, le plus fréquent étant de rester trop longtemps au lit : tellement préoccupé par son sommeil, l'insomniaque ne veut pas en rater une miette. Il se couche dès que possible, bien avant de ressentir le moindre signe de somnolence, histoire d'être prêt à dormir, « au cas où »... Il se couche pour regarder la télévision au lit, il dîne même parfois au lit, en pyjama ou en chemise de nuit. S'il se réveille la nuit, il bouge le moins possible tout en s'énervant de ne pas dormir. Enfin, les matins des jours de repos ou de vacances, bien que réveillé à l'heure habituelle, il cherche à prolonger son sommeil aussi longtemps que possible. Et pourtant, il dit ne dormir que quelques heures par nuit... Au total, il n'est pas rare de voir un insomniaque passer douze heures au lit pour un temps de sommeil déclaré de cinq heures. Cette situation le conforte dans l'idée qu'il est vraiment incapable de dormir. Lorsque la soirée commence, l'angoisse et la tension montent, avec la conviction que la nuit qui va suivre sera, comme d'habitude, épouvantable. Ainsi se crée un véritable cercle vicieux : plus l'insomniaque cherche à dormir, moins il le peut, alors que la cause initiale de son insomnie a disparu.

Certaines maladies interfèrent avec le sommeil, dans le sens où elles gênent son installation ou son maintien : une hyperthyroïdie peut augmenter les systèmes d'éveil de telle manière que le sommeil aura du mal à s'installer ; un asthme dont les crises surviennent la nuit entraîne une oppression respiratoire et des quintes de toux nocturnes qui gênent l'endormissement ou qui réveillent au cours de la nuit, tout comme un reflux gastro-œsophagien qui se traduit par des régurgitations de liquide gastrique.

Le syndrome d'apnées du sommeil

Une insomnie peut être révélatrice d'un syndrome d'apnées du sommeil ; mais, plus fréquemment, c'est la somnolence excessive qui attire l'attention de l'entourage et de la personne elle-même. Ce syndrome est souvent accompagné d'un ronflement. Parfois, le conjoint peut percevoir des arrêts respiratoires inquiétants, suivis d'une reprise bruyante de la respiration. La fatigue est importante le matin et se poursuit durant la journée. La personne se plaint de gros troubles de la concentration et de la mémoire, et parfois d'une somnolence gênante. Elle dort la bouche ouverte, ce qui se traduit par divers signes : sécheresse de la bouche au réveil, taches de salive sur l'oreiller…

Plus fréquent chez l'homme que chez la femme non ménopausée, ce syndrome touche 5 à 7 % de la population générale et 15 % des personnes de soixante-dix ans et plus. Une obésité ou tout au moins un surpoids sont fréquemment associés.

Les apnées sont liées à un arrêt du passage de l'air au niveau des voies aériennes supérieures. Nous faisons tous quelques apnées en cours de nuit. Pour être pathologique, cette interruption du flux aérien doit être supérieure à dix secondes. On parle de syndrome d'apnées quand la personne fait plus de dix apnées ou hypopnées (l'air passe encore un peu) par heure. Il est considéré comme sévère au dessus de trente apnées ou hypopnées par heure.

Dans la plupart des cas, les apnées sont dites « obstructives », car elles sont provoquées par un rétrécissement des voies aériennes supérieures qui se produit exclusivement au cours du sommeil. En effet, celui-ci provoque un relâchement des tissus, qui ont tendance à s'affaisser, surtout au niveau de la langue et du fond de la gorge (le pharynx). Ce rétrécissement est largement favorisé par la prise de poids, car la graisse se dépose également au niveau du pharynx et infiltre la base de la langue. Une morphologie particulière est souvent retrouvée : menton en arrière, cou large et épais ou bien, au contraire, un visage long et étroit. Un facteur génétique explique d'ailleurs les cas familiaux de syndrome d'apnées du sommeil.

Il existe aussi des cas de syndrome d'apnées centrales, beaucoup plus rares que les apnées obstructives et touchant des personnes qui, le plus souvent, ne sont pas en surpoids. Elles se plaignent généralement d'insomnie et il faut rechercher des troubles métaboliques ou une insuffisance cardiaque qui sont souvent associés.

Le syndrome d'apnées a des conséquences considérables sur la santé en tant que facteur de risque et de morbidité, en particulier sur le plan cardio-vasculaire. Ainsi, 50 % des sujets porteurs d'un syndrome d'apnées sont hypertendus. Une grande étude épidémiologique réalisée dans le Wisconsin a montré que le risque d'une hypertension artérielle est multiplié par trois chez les personnes atteintes de ce syndrome. Chez les personnes souffrant d'une maladie des artères coronaires, la prévalence du syndrome d'apnées (c'est-à-dire le rapport du nombre de personnes atteintes sur l'effectif total de la population) serait de 30 à 37 %, alors qu'elle est de 12 à 19 % chez les sujets témoins. Le risque de mortalité par cause cardiaque ou vasculaire chez les sujets porteurs d'un syndrome d'apnées sévère non traité est multiplié par trois par rapport aux témoins en bonne santé, après prise en compte des autres facteurs de risque. Par ailleurs, les épisodes apnéiques peuvent favoriser la survenue d'épisodes ischémiques nocturnes (occlusion des artères) et de troubles du rythme cardiaque, dont on sait qu'ils surviennent plus fréquemment la nuit. Il est donc important de bien dépister ces pathologies et de les traiter.

Pour traiter le syndrome d'apnées, lorsqu'il y a une obésité, le bon sens voudrait que l'on aide tout d'abord la personne à maigrir, mais force est de constater qu'il est très difficile de perdre du poids et que rares sont les personnes qui perdront les 20 à 30 kg nécessaires. Il est néanmoins toujours bon de perdre les kilos qu'on peut. Par ailleurs, il faut aussi supprimer l'alcool le soir et les sédatifs (en particulier des benzodiazépines et, plus généralement, tous les somnifères), ces substances augmentant considérablement les apnées au cours du sommeil.

Les traitements des apnées du sommeil sont tous « mécaniques » : il n'y a malheureusement pas de médicaments qui soient vraiment efficaces, bien que certains antidépresseurs agissant sur la sécrétion de sérotonine puissent apporter une amélioration. Il est important de prendre une précaution au préalable : s'assurer que le nez, organe primordial de la respiration, laisse passer l'air librement, car un nez bouché contribue à aggraver les apnées du sommeil et pose problème pour mettre en place les traitements possibles. En cas d'obstruction, il faudra consulter un oto-rhino-laryngologiste (ORL) pour corriger ces anomalies. Il proposera un traitement médicamenteux ou chirurgical (ablation de polypes nasaux, redressement de la cloison nasale...). Une fois cette précaution prise, le traitement des apnées proprement dites peut commencer. Celui qui fait référence, qui donne les résultats les plus probants repose sur un système de ventilation nocturne. On utilise un petit compresseur qui envoie de l'air sous pression au travers d'un tuyau s'appliquant sur le nez grâce à un masque. On parle d'appareil à PPC (pression positive continue) ou encore, selon la terminologie anglo-saxonne, de CPAP (*Continuous Positive Airway Pressure*). Depuis les années 1980, les appareils ont évolué de manière considérable. De la taille d'une valise il y a vingt ans, ils se réduisent aujourd'hui à un petit appareil de la taille d'une brique. Le masque peut être nasal, bucco-nasal (il recouvre alors le nez et la bouche) ou narinaire (avec deux petits adaptateurs qui s'appliquent sur les orifices nasaux). 80 % des patients arrivent à s'adapter à l'appareil et suivent leur traitement correctement. Pour les autres, c'est l'échec. Parfois, l'idée même de dormir avec un tel attirail les décourage ou décourage leur conjoint. Dans d'autres cas, des problèmes mécaniques de fuite, d'irritation ou de bruit conduisent à l'arrêt du traitement.

D'autres alternatives thérapeutiques existent. L'orthèse buccale, appareil dentaire (fabriqué ou adapté par un orthodontiste) qui se met la nuit dans la bouche (comme les appareils dentaires des enfants) et propulse la mandibule vers l'avant, a pour effet d'ouvrir l'orifice du pharynx et donc de permettre à l'air de mieux passer. Il existe des prothèses et des techniques très différentes ; toutes ne donnent pas de bons résultats. Ceux-ci sont meilleurs lorsque le syndrome d'apnées est modéré (inférieur ou égal à trente apnées par heure) et qu'il n'y a pas d'obésité. Il est par ailleurs nécessaire que l'état dentaire permette la mise en place d'un tel appareil, car il exerce des pressions sur les dents. Il ne doit pas non plus y avoir de maladie de l'articulation temporo-mandibulaire, car elle aussi est très sollicitée sur le plan mécanique.

La chirurgie est un autre recours possible. Dans les années 1980, la chirurgie du voile du palais avait été présentée comme la solution aux apnées du sommeil. Avec le recul, qu'elle soit faite au bistouri, au laser ou par radiofréquence, nous savons qu'elle peut soulager le ronflement (ce qui est toujours appréciable pour le conjoint !), mais qu'elle n'améliore le syndrome d'apnées du sommeil que dans 40 à 50 % des cas. Et encore, avec le risque que, trois ans plus tard, les symptômes réapparaissent. D'autres chirurgies ont été proposées : résection de la base de la langue, transposition de la mandibule. Plus lourdes, leur indication relève du spécialiste et elles ne sont à envisager qu'en cas d'échec des autres thérapeutiques.

Le syndrome des jambes sans repos

Cette pathologie mal connue est encore trop souvent ignorée des médecins ; bien souvent, la personne qui en est atteinte a elle-même du mal à la considérer comme pathologique. Elle représente près de 20 % des causes d'insomnies. Il faut donc y penser, s'interroger et demander à son conjoint ou, à défaut, à l'entourage proche s'il n'a pas noté de mouvements particuliers. Deux types de symptômes sont associés : des impatiences pénibles dans les jambes, le plus souvent au coucher, et des mouvements qui surviennent en plein sommeil.

Dès qu'elle se met au lit, la personne a une sensation de paresthésies (sensations parasites) désagréables, du type picotements, agacements, brûlures ou « électricité », qui l'obligent à bouger ses jambes, à se lever ou à marcher. Elle est soulagée par une douche fraîche, le passage d'un gant froid sur les jambes, le massage de la crête tibiale et des mollets, ou par la marche pieds nus sur un carrelage froid. Cette gêne et ce comportement entraînent le plus souvent une insomnie d'endormissement majeure, le même manège avec les mêmes conséquences pouvant en outre se reproduire une à plusieurs fois par nuit à l'occasion de réveils nocturnes. Il n'est pas rare que ces paresthésies touchent également les membres supérieurs et que les impatiences soient ressenties au repos, en cours de journée.

Dans 80 % des cas, on observe également des mouvements périodiques nocturnes. Seule une personne dormant dans le même lit peut apporter son témoignage si les mouvements sont suffisamment importants, car le dormeur n'en a pas conscience. Ce symptôme existe à tout âge, mais sa fréquence augmente considérablement au cours de la vie (on le retrouve chez 29 % des plus de cinquante ans). Il se traduit par des secousses cloniques (brèves et involontaires) périodiques qui touchent préférentiellement les jambes et réveillent parfois le dormeur (il s'agit alors de micro-réveils visibles sur l'électro-encéphalogramme) et surtout le conjoint. Le mouvement minimum consiste en une flexion de l'orteil sur le pied. Il peut se compléter par la flexion du pied sur la jambe, puis de la jambe sur la cuisse. Le mouvement touche un côté du corps ou les deux. Il peut être très violent. Ces secousses surviennent au rythme d'un mouvement toutes les vingt à quarante secondes, par périodes de plusieurs minutes qui se renouvellent trois ou quatre fois dans la nuit.

Le matin, la personne se réveille fatiguée, sans savoir pourquoi.

Les mécanismes de ce syndrome sont mal connus. Souvent qualifié de « mauvais état veineux », on sait maintenant qu'une mauvaise circulation est rarement en cause, bien qu'elle puisse exacerber les symptômes. L'origine est plutôt neurologique, avec des troubles de la régulation du contrôle des neurones moteurs dans laquelle un neuromédiateur, la dopamine, est impliqué. Le fer agit avec ce neuromédiateur comme cofacteur dans la transmission nerveuse. Cela explique pourquoi on recherche toujours des anomalies du fer et surtout de la ferritine (le transporteur du fer). Il y a souvent un déficit soit du fer, soit de la ferritine, soit des deux, qui nécessite un traitement par apport de fer dans l'alimentation, avec l'espoir que la personne le fixe correctement. Sinon, les traitements viseront à apporter directement de la dopamine *via* des précurseurs ou des agonistes (substances analogues). Dans ce type de troubles, les hypnotiques n'améliorent pas vraiment le sommeil ; certains myorelaxants sont plus efficaces.

Le sommeil décalé

Pour la plupart des gens, dormir la nuit paraît évident. Pourtant, pour que le sommeil se cale entre 22 h et 8 h, notre organisme doit répondre à un certain nombre de mécanismes complexes décrits dans le chapitre 1. Dans certains cas, le sommeil reste normalement structuré, mais décalé, comme si la personne n'obéissait plus aux synchroniseurs externes (lumière, activité physique et sociale). Parmi les anomalies du rythme veille-sommeil, le syndrome de retard de phase est le plus fréquent (il concerne 10 % des insomnies). Jusqu'à ces dernières années, il touchait essentiellement l'adolescent ou l'adulte jeune, mais, en consultation, on voit de plus en plus de personnes atteintes de ce syndrome et qui sont plus âgées ; souvent, elles vivent seules, sont en arrêt de travail ou à la retraite.

La personne ayant un syndrome de retard de phase du sommeil se plaint de difficultés d'endormissement lorsqu'elle tente de s'imposer un horaire normal de coucher et décrit une extrême difficulté à maintenir un horaire normal de lever. L'endormissement est tardif, au-delà d'une heure du matin, associé à un réveil tardif, parfois en début d'après-midi. Ce syndrome a donc un fort retentissement sur la vie scolaire ou professionnelle. En fait, la personne présente un décalage entre son système circadien et les horaires de sommeil souhaités. En revanche, quand elle est en vacances ou dans des circonstances lui permettant d'être libre avec ses horaires et d'avoir la possibilité de se coucher et de se lever plus tard, elle n'a pas de difficultés pour s'endormir, le maintien du sommeil est correct et elle est en forme le jour suivant. C'est donc la notion même de contrainte vis-à-vis d'un coucher et d'un lever précoce qui entraîne l'expression de ce trouble, avec des conséquences en termes de fonctionnement social, de vitalité ou de retentissement physique.

Les causes sont à la fois comportementales et biologiques. Il s'agit de sujets ayant une constitution de couche-tard/lève-tard et dont l'horloge interne a tendance à ne pas être synchronisée par les synchroniseurs externes. Leur comportement, en particulier leur tendance à entreprendre des activités tard le soir, ne fait que renforcer leurs difficultés. Les émissions de télévision tardives, les jeux sur ordinateur ou sur console, les surfs et chats sur Internet contribuent largement au décalage, d'autant que les activités sur Internet allient une activité favorisant l'éveil à la stimulation due à la lumière délivrée par l'écran de l'ordinateur, ce qui contribue à retarder l'horloge biologique. L'enquête sur le sommeil de l'adolescent de quinze à dix-neuf ans réalisée en février 2005 par la SOFRES-ISV montre combien cette composante comportementale est importante chez les adolescents. Elle nous apprend que 23 % d'entre eux se couchent après 23 h en semaine et 37 % après minuit le week-end, 19 % des jeunes interrogés ne se levant qu'à midi, voire plus tard le week-end. Certaines populations sont plus à risque que d'autres : le fait de vivre seul, sans contrainte, en l'absence d'activité professionnelle, d'être malvoyant, d'avoir des troubles de la personnalité associés constituent autant de facteurs favorisant le décalage. Lorsque ce dernier est permanent et que la personne n'arrive vraiment plus à se lever le matin, même pour faire face à des obligations importantes, une dépression est constatée dans les deux tiers des cas.

La narcolepsie et les hypersomnies

La narcolepsie est une maladie qui, dans sa forme complète, associe plusieurs symptômes très curieux. La personne se plaint d'une somnolence contre laquelle elle lutte avec difficulté et pouvant la conduire à des endormissements inopinés. Les siestes

– il y en a souvent plusieurs par jour – sont très récupératrices. Le sommeil de nuit est habituellement – et c'est un comble ! – de mauvaise qualité, fractionné par des réveils fréquents, habité de rêves trop riches et trop présents. Lors des transitions entre l'éveil et le sommeil, des hallucinations visuelles ou auditives, ou encore de fausses perceptions très désagréables et troublantes peuvent advenir – on parle d'hallucinations « hypnagogiques » ou « hypnopompiques ». Des paralysies du sommeil se manifestent parfois, caractérisées, lors d'un réveil, par la sensation pénible et très angoissante de ne pouvoir ni parler ni bouger ; elles durent de quelques secondes à plusieurs minutes. Dans la journée, un symptôme tout à fait caractéristique peut survenir : un accès de cataplexie. Il est déclenché par les émotions, en particulier le rire, mais aussi la surprise, la colère ou la peur. Il se traduit par une chute brutale du tonus musculaire. Il peut toucher une partie du corps – tête qui tombe, main qui lâche un objet... – ou concerner l'ensemble des muscles – et c'est la chute assurée.

Cette maladie se déclenche le plus souvent à l'adolescence. Tous les signes ne sont pas obligatoirement présents et le diagnostic est confirmé par des examens pratiqués dans un laboratoire spécialisé, avec un enregistrement du sommeil de nuit et des tests d'endormissement réalisés au cours de la journée. Il existe une composante génétique : 98 % des personnes qui ont une narcolepsie ont un groupage HLA (système de marqueurs immunitaires) spécifique. Au cours de ces dernières années, on a pu montrer que 90 % des personnes atteintes de narcolepsie ont une absence d'une protéine, l'hypocrétine (ou orexine), dans le liquide céphalo-rachidien. Cette protéine aux propriétés éveillantes est normalement secrétée par une minuscule zone du cerveau qui, chez le narcoleptique, serait détruite par un mécanisme auto-immunitaire (c'est-à-dire par une réaction des cellules immunitaires de la personne elle-même).

Le traitement de la narcolepsie consiste tout d'abord à apprendre à contrôler ses émotions et à s'organiser pour pouvoir faire une à plusieurs siestes à des moments stratégiques de la journée. Lorsqu'on travaille, cela n'est pas toujours facile ; néanmoins, le fait d'expliquer son symptôme dans son milieu professionnel permet de dédramatiser la situation et d'expliquer ce qui se passe. La personne n'est alors plus considérée par les autres comme indifférente à son travail, mais comme quelqu'un qui a une particularité (voire un véritable handicap) et que l'on peut aider. Ces mesures de bon sens ne sont pas toujours suffisantes et des médicaments existent. Des stimulants de la vigilance sont utilisés pour lutter contre la somnolence et certains antidépresseurs donnent de bons résultats pour contrer les accès de cataplexie.

D'autres hypersomnies existent. Elles accompagnent certaines formes de dépression. L'hypersomnie est alors souvent fluctuante, avec des périodes où elle est très marquée entrecoupées de périodes de normalisation. Ces épisodes de somnolence sont souvent très résistants aux traitements, améliorés partiellement par les antidépresseurs et par les stimulants de la vigilance. La photothérapie et l'exercice physique sont des traitements adjuvants intéressants.

Une autre maladie est à rechercher : l'hypersomnie idiopathique, qui se traduit par un réveil difficile le matin (on parle d'ivresse du sommeil) et la sensation d'avoir toujours sommeil. Les siestes, souvent longues, n'apportent pas la sensation d'être restauré, avec parfois même l'impression que plus on dort, plus on a sommeil. Cette hypersomnie est souvent familiale, sans pour autant qu'on ait pu mettre en évidence une transmission génétique. Curieusement, chez ces personnes, alors que le sommeil est vécu comme non récupérateur, le sommeil lent profond est souvent augmenté. Tout comme pour la narcolepsie, il existe des médicaments améliorant la vigilance et permettant en général à la personne de trouver un confort suffisant pour fonctionner dans la journée. Mais ils n'agissent que sur le symptôme, pas sur la cause. Dans certains cas, malgré le traitement, cette somnolence reste très invalidante

Somnambulisme, terreurs nocturnes et cauchemars

Le somnambulisme et les terreurs nocturnes consistent en des éveils incomplets au cours du sommeil lent profond donnant lieu à des troubles parfois impressionnants pour l'entourage. Très fréquents chez l'enfant, ils diminuent à l'adolescence et sont rares chez l'adulte.

Les terreurs nocturnes touchent de 1 à 6 % des enfants ; le somnambulisme, beaucoup plus fréquent, en touche 17 %, avec une expression privilégiée entre huit et douze ans.

Chez l'adolescent et chez l'adulte, ces troubles sont nettement moins fréquents : 2 % pour le somnambulisme et 2,2 % pour les terreurs nocturnes.

Au réveil, le dormeur a une amnésie complète ou quasi complète des événements qui se sont déroulés durant son sommeil. Dans la plupart des cas, ces accès sont assez banals. La personne se lève, fait un tour dans l'appartement et se recouche. Les terreurs nocturnes sont plus impressionnantes, car l'accès débute généralement par un cri et la personne paraît terrorisée. Mais l'endormissement survient rapidement, et tout le monde se rendort (sauf parfois le conjoint ou les parents, qui gardent le cri en mémoire et sont encore sous le coup de l'émotion !).

Le somnambulisme peut s'associer à des éveils confusionnels parfois très angoissants, car ils peuvent s'accompagner de comportements moteurs complexes se déroulant souvent dans une atmosphère inquiétante ou dangereuse, en particulier pour celui ou celle qui partage la même chambre. Tel était le cas de l'un de mes patients qui, trois ou quatre fois par semaine, criait et se débattait, avec un comportement parfois brutal vis-à-vis de sa femme. Il ne gardait un souvenir conscient de rêve que dans un cas sur dix environ. Il s'agissait toujours de situations où il était en danger de mort : il était enfermé dans une grotte dont il ne pouvait pas sortir, ou il était au volant de sa voiture et fonçait droit dans un mur… Sa femme disait que, souvent, il racontait des choses incohérentes en dormant, qu'il se dressait sur sont lit en hurlant ou en se débattant ; que, lorsqu'il se réveillait, il pouvait décrire ce qui se passait dans son rêve, mais qu'il lui arrivait aussi de ne pas se réveiller et de se rendormir aussitôt. Ce vécu nocturne la confrontait à quelqu'un qu'elle ne connaissait pas, un « monstre » qui se révélait la nuit et qui possédait son mari. C'était en quelque sorte l'irruption d'un Mr. Hyde à la place du gentil Dr Jekyll.

Dès 1964, Henri Gastaut et Roger Broughton ont montré qu'à la suite d'une brutale interruption du sommeil lent profond, un éveil anxieux se produit parfois, associé ou non à un souvenir de situation angoissante, à un thème d'écrasement ou d'oppression. L'existence d'un syndrome d'apnées du sommeil a été évoqué comme une possible cause de déclenchement d'un comportement moteur complexe, d'une crise d'angoisse et, parfois, d'un vécu cauchemardesque (bagarre contre quelqu'un qui cherche à étouffer le dormeur, enfermement dans un caveau…) provoquant une lutte ou une fuite s'exprimant dans la réalité. D'autres facteurs de fractionnement du sommeil ont été incriminés, tels l'obligation de se lever à des horaires variables, le stress, l'alcool, l'abus de café…

Ces parasomnies, durant lesquelles le corps se met à agir, sont proches dans leur description des cauchemars post-traumatiques décrits par Bessel van der Kolk en 1984, lorsqu'il décrivit ce type de troubles chez les vétérans de la guerre du Vietnam. Ces cauchemars survenaient habituellement entre 1 h et 3 h du matin et se traduisaient par un contenu répétitif reprenant habituellement le scénario de combats ou d'événements vécus lors de la guerre. Ils étaient toujours accompagnés de mouvements corporels et, dans certains cas, d'agressions physiques sur leur femme au cours de la nuit. Il a été montré que ces cauchemars ne survenaient jamais durant le sommeil lent profond.

D'autres situations ont été décrites comme risquant potentiellement de s'accompagner de comportements violents associés au sommeil. Certaines crises d'épilepsie sont associées à un comportement moteur complexe. Des comportements moteurs avec contenu onirique en sommeil paradoxal existent chez le sujet âgé, mais ils surviennent dans un contexte particulier de pathologie neurologique associée.

Le somnambulisme et les terreurs nocturnes ne nécessitent pas de traitement, sauf lorsque les accès sont répétés et accompagnés de beaucoup d'angoisse ou d'un danger pour la personne elle-même ou pour son entourage. Différents types de médicaments peuvent être envisagés : des sédatifs, mais aussi des antidépresseurs ou, parfois, des antiépileptiques (même si le trouble n'a rien à voir avec de l'épilepsie).

Le cauchemar « classique », ou rêve d'angoisse, est d'une autre nature. Il s'agit d'un rêve pénible dont le contenu horrible ou lancinant poursuit le dormeur à son réveil. Après un cauchemar, on ressent à la fois une angoisse et un soulagement : « Ce n'était qu'un cauchemar ! » Mais certains d'entre eux semblent tellement réels que le souvenir en accompagne le dormeur tout au long de la journée, parfois même bien plus longtemps, pendant des semaines, voire des mois. Les cauchemars surviennent en sommeil paradoxal et ne nécessitent de traitement que lorsqu'ils sont récurrents ou se répètent plusieurs fois par semaine.

Les médicaments pour dormir

L'insomnie chronique est tellement pénible que les personnes qui en souffrent testent tous les moyens possibles pour en sortir, à la recherche de la solution miracle. Malheureusement, il n'y a pas d'hypnotique « idéal » et les médicaments ont des inconvénients lorsqu'ils sont utilisés sur de longues durées. Quant aux solutions non médicamenteuses, elles consistent en un changement de comportement, ce qui demande des efforts considérables à la personne.

Parmi les hypnotiques, on compte des produits très différents. Chaque personne réagit différemment à tel ou tel produit et, sans essai préalable, il est impossible de savoir lequel sera efficace et confortable pour une personne donnée.

Les hypnotiques sont d'excellents produits s'ils sont bien utilisés, mais il faut éviter l'accoutumance. C'est pourquoi l'usage doit en être limité dans le temps :

soit sur une courte période de quinze jours à trois semaines, soit de manière discontinue, deux ou trois fois par semaine, en fonction des moments repérés comme favorisant l'insomnie (par exemple l'insomnie du dimanche soir, ou celle qui précède ou suit une journée riche en stress...).

Les indications de choix sont les insomnies occasionnelles ou transitoires, mais ce ne sont pas celles qui posent problème. C'est pour les autres, celles qui durent des mois, parfois des années, que la question se pose. On peut identifier plusieurs circonstances où l'hypnotique a un intérêt, en permettant de passer un cap difficile – situations d'urgence ou particulièrement intolérables. Il en est de même lorsque l'anxiété est importante : tant que celle-ci est présente, la personne ne peut pas dormir. L'anxiété peut s'intégrer dans un contexte pathologique particulier : personnalité phobique, borderline, psychotique, ou bien dépression anxieuse et agitée. Nous ne sommes plus alors dans le cadre d'une insomnie simple, mais dans celui d'une insomnie psychiatrique. En cas d'angoisses massives déstructurantes, d'autres produits comme les neuroleptiques sédatifs pourront être prescrits.

Les antidépresseurs ont également un intérêt dans l'insomnie, avec des doses efficaces bien moindres que celles utilisées dans la dépression. De plus en plus prescrits dans cette indication, ils diminuent la latence du sommeil, augmentent la continuité de ce dernier et amplifient parfois le sommeil profond. Ils peuvent aussi avoir des inconvénients, surtout en début de traitement, en entraînant une somnolence diurne, mais celle-ci est habituellement transitoire.

La mélatonine n'est pas indiquée dans l'insomnie banale, sauf quand il existe des troubles associés du rythme veille-sommeil.

En ce qui concerne la phytothérapie, seule la valériane a été étudiée et a montré son efficacité sur la continuité du sommeil et l'augmentation du sommeil profond.

Les techniques non médicamenteuses

Ce sont avant tout les techniques de thérapies comportementales et cognitives qui donnent de bons résultats dans l'insomnie. Elles consistent à travailler avec l'insomniaque sur ses comportements et ses croyances par rapport au sommeil. Elles se pratiquent en séances individuelles ou en groupe, selon un programme qui se déroule habituellement en quatre à dix séances. Les objectifs sont de trois ordres : retrouver le signal déclencheur du sommeil, apprendre à mobiliser les facteurs hypnogènes naturels et dédramatiser les conséquences de l'insomnie.

LES RÈGLES D'HYGIÈNE DU SOMMEIL

– Respecter son rythme (du soir, du matin).
– Éviter les repas copieux et l'alcool au dîner.
– Éviter de pratiquer un sport après 17 h.
– Favoriser toute activité relaxante le soir.
– Pas de télévision dans la chambre.
– Prendre un bain chaud vers 21 h peut aider à se détendre et favoriser le sommeil ; mais cela peut aussi avoir l'effet inverse en effaçant la fatigue…
– Ne se coucher que si l'on a sommeil.
– Dormir dans une chambre aérée (température entre 18 et 20 °C).
– Maintenir des horaires de lever réguliers.
– Éviter les excitants : café, thé, vitamine C, boissons à base de cola.

La première étape nécessite de respecter une bonne hygiène de sommeil (voir l'encadré « Les règles d'hygiène du sommeil »).

Ensuite il faut mettre en place de bonnes habitudes en privilégiant tout ce qui facilitera le sommeil et augmentera la pression de sommeil (voir l'encadré « Les habitudes favorisant le sommeil », page suivante).

Pour augmenter la pression de sommeil et favoriser un sommeil continu, la technique de restriction du temps passé au lit donne de bons résultats. En effet, nous avons vu que l'insomniaque passe beaucoup trop de temps au lit. Il a pris une série d'habitudes qui, au lieu de l'aider, ne font qu'entretenir son insomnie. On réduit le temps passé au lit pour le faire coïncider le plus possible avec le temps de sommeil durant lequel la personne déclare dormir. Une manière assez simple et efficace d'y parvenir consiste à se limiter à rester seulement six heures par

LES HABITUDES FAVORISANT LE SOMMEIL

- Préparer son sommeil :
  - Éviter toute activité éveillante le soir.
  - Organiser une période d'activité calme avant le coucher.
  - Ne se coucher que lorsqu'on a sommeil.
  - Respecter ses rituels du sommeil.
- Ne se coucher que pour dormir.
- Si l'on ne dort pas :
  - Se lever et faire autre chose si l'on se réveille en cours de nuit.
  - Se recoucher dès que l'on ressent à nouveau l'envie de dormir.
  - Se lever définitivement le matin dès que l'on a l'impression de ne plus dormir.
- Dans la journée, ne pas faire de sieste de plus de vingt minutes.

nuit au lit. Les horaires de sommeil sont à définir en fonction des habitudes (23 h-5 h ou 24 h-6 h... ou toute autre combinaison). L'important est de tenir ces horaires pendant suffisamment longtemps pour que la privation de sommeil (partielle) permette de mobiliser les facteurs de sommeil endogènes (il faut en général de trois à six semaines pour ressentir une amélioration). Pour que cela fonctionne, il est très important de respecter les horaires d'une manière scrupuleuse. Le pire est de le faire par intermittence, car la personne a alors l'impression de faire des efforts monstrueux sans que les effets positifs se fassent sentir, ce qui est très décourageant. Dès que la confiance en son sommeil est retrouvée, la personne va se coucher en n'ayant plus la peur de ne pas dormir. C'est le début du cercle vertueux qui aidera l'insomniaque à dédramatiser l'insomnie et à en sortir.

Bibliographie

Pour le grand public

Marie-Josèphe Challamel, Marie Thirion, *Le Sommeil, le rêve et l'enfant*, Paris, Albin Michel, 2002.

Michel Jouvet, *Pourquoi rêvons-nous, pourquoi dormons-nous ? : où, quand, comment ?*, Paris, Odile Jacob, 2000.

Michel Jouvet, *Le Sommeil et le rêve*, Paris, Odile Jacob, 1998 (et coll. « Poches Odile Jacob », 2000).

Peretz Lavie, *Le Monde du sommeil*, Paris, Odile Jacob, 1998.

Sylvie Royant-Parola, *Comment retrouver le sommeil par soi-même*, Paris, Odile Jacob, 2002.

Rapport sur le thème du sommeil, Ministère de la Santé et des Solidarités, décembre 2006, Rapport à Monsieur Xavier Bertrand, disponible à l'adresse : www.sante.gouv.fr/htm/actu/giordanella_sommeil/rapport.pdf.

Pour un public averti

Michel Billiard (dir.), *Le Sommeil normal et pathologique*, Paris, Masson, 1998.

Michel Billiard, *Sleep, Physiology, Investigations and Medecine*, New York, Kluwer Academic/Plenum Publishers, 2003.

Meir H. Kryger, Thomas Roth, William C.

Dement, *Principles and Practice of Sleep Medicine*, Elsevier/Saunders, 2005.

Damien Léger, Christian Guilleminault, *Sommeil, vigilance et travail*, Paris, Masson, 1997.

Pierre-Hervé Luppi, « Sleep. Circuits and functions », *Frontiers in Neuroscience*, Boca Raton (Floride), CRC Press, 2005.

Mircea Steriade, Robert W. McCarley, *Brainstem Control of Wakefulness and Sleep*, New York, Plenum Press, 2005.

Emmanuel Weitzenblum, Jean-Louis Racineux, *Syndrome d'apnées obstructives du sommeil*, Issy-les-Moulineaux, Masson, 2004.

Sites Internet

– Site du Réseau Morphée (informations sur le sommeil, tests, références) :
http://www.reseau-morphee.org

– Blog du Réseau Morphée (articles d'actualité, d'humeur, de mise au point sur le sommeil) :
http://www.morphee.biz

– Site de l'Institut du sommeil et de la vigilance (articles d'information sur le sommeil) :
http://www.institut-sommeil-vigilance.org/

– Site de la Société française de recherche et médecine du sommeil (informations pour les professionnels de la santé) :
http://www.sfrms.org

– Site du projet européen EUCLOCK : http://www.euclock.org

Table des matières

Dans la même collection :

n° 1. *Qu'est-ce que l'humain ?* de Pascal Picq, Michel Serres et Jean-Didier Vincent

n° 2. *Pourquoi notre mémoire est-elle si fragile ?* de Francis Eustache

n° 3. *Qu'est-ce que mourir ?* sous la direction de Jean-Claude Ameisen, Danièle Hervieu-Léger et Emmanuel Hirsch

n° 4. *Classification et Évolution* de Hervé Le Guyader

n° 5. *Maîtriser la consommation d'énergie* de Bernard Laponche

n° 6. *Histoires de sexe et désir d'enfant* sous la direction de Pierre Jouannet et Véronique Nahoum-Grappe

n° 7. *Et la matière devint vivante...* de André Brack

n° 8. *Les Ordinateurs de demain* de Alain Schuhl

n° 9. *Apprivoiser la douleur* sous la direction de Bernard Calvino n° 10. *Climat : chronique d'un bouleversement annoncé* de Didier Hauglustaine, Jean Jouzel et Hervé Le Treut

n° 11. *Les Premières Sépultures* de Bruno Maureille

n° 12. *Les Débuts de l'élevage* de Jean-Denis Vigne

n° 13. *Les Premiers Outils* de Pascal Picq et Hélène Roche

n° 14. *Des prothèses pour le cerveau* de Jean Delbeke

n° 15. *Le Téléphone de demain* de Michel Riguidel

n° 16. *Comment évoluent nos gènes ?* de Bernard Dujon

n° 17. *De l'atome au quark, les secrets de la matière* de Françoise Balibar, Jean-Marc Lévy-Leblond et Roland Lehoucq

n° 18. *Hommes, femmes : la construction de la différence* sous la direction de Françoise Héritier n° 19. *Jeux mathématiques et vice versa* de Jean-Pierre Bourguignon, Gilles Dowek, Jean-Christophe Novelli et Benoît Rittaud

n° 20. *Les Avatars du vide* de Marc Lachièze-Rey

n° 21. *La Naissance du langage* de Jean-Louis Dessalles, Pascal Picq et Bernard Victorri

n° 22. *L'Âge d'or de la science arabe* de Ahmed Djebbar

n° 23. *Faire de la science avec Star Wars* de Roland Lehoucq

n° 24. *L'Identité : Qui suis-je ?* sous la direction de Sylvie Gruszow

n° 25. *Les Origines de l'art* de Michel Lorblanchet

n° 26. *Les Sociétés animales : lions, fourmis et ouistitis* de Frank Cézilly, Luc-Alain Giraldeau et Guy Theraulaz

n° 27. *À la recherche d'une vie extraterrestre* de François Raulin

n° 28. *Changer d'ère… pour construire une nouvelle relation à l'environnement* de

Nadia Boeglin, Daniel Clément et Stéphanie Guignard
n° 29. *Régions polaires : quels enjeux ?* d'Yves Frénot
n° 30. *Les Débuts de la vie* de Simonetta Gribaldo, Marie-Christine Maurel et Jean Vannier
n° 31. *Les Frontières de l'humain* d'Henri Atlan et Frans B. M. de Waal

Ce livre fait suite à une série de conférences qui se sont tenues à la Cité des sciences et de l'industrie du 6 mars au 3 avril 2007.

Achevé d'imprimer sur les presses de l'imprimerie Darantiere
en septembre 2007

N° d'éditeur : 090351-01/1
N° d'impression : 27-1428
Dépôt légal : octobre 2007
Imprimé en France